De villanos a héroes

Carlos Becco

De villanos a héroes

Cómo el agro puede salvar
a la humanidad

En
Gerundio

© Carlos Becco, 2024

Diseño e ilustración de tapa: Miguel Tiraboschi
Diseño de interior: Daniela Coduto
Edición: Juan González del Solar @en_gerundio

Primera edición: mayo de 2024

Esta publicación no puede ser reproducida, ni en todo
ni en parte, ni registrada en, o transmitida por, un sistema
de recuperación de información, en ninguna forma ni por
ningún medio, sea mecánico, fotoquímico, electrónico,
magnético, electroóptico, por fotocopia o cualquier otro,
sin permiso previo por escrito de la editorial.

A mis nietos

Índice

Prólogo de Jorge Antonio Hilbert   13

Introducción   17

Acerca de este libro   19

Parte uno: De dónde venimos   21
1. La sexta extinción masiva   23
2. La agricultura en su laberinto   33
3. Hacia una agricultura regenerativa   41

Parte dos: Caminos para lograrlo   49
1. El campo y los agroquímicos   51
    a. De los laberintos se sale por arriba   51
    b. El problema de los envases   59
    c. Soluciones biológicas   62
    d. Formulaciones más sostenibles   66
    e. Pulverizaciones inteligentes   69
    f. Acerca de los insectos   72
    g. Basta de fumigarnos   80
    h. Corolario   84
2. El campo y los fertilizantes: ¿*Quo vadis*, nitrógeno?   85

3. El campo y el agua	95
a. La huella hídrica	95
b. El agua que no vemos	102
4. Biodiversidad	107
a. Acerca de la biodiversidad	107
b. Garantía de supervivencia	118
c. Un nuevo mundo	121
5. La ganadería	127
a. El alambrado: un aliado de fierro —por ahora—	127
b. Las vacas no tienen la culpa	132
c. El lujo de la carne	136
6. La economía circular	145
a. El agro y la economía circular	145
b. Nada se pierde, todo se transforma	150
7. La comida que no comemos	153
8. ¿Son sostenibles los biocombustibles?	161
9. Hackeando la naturaleza	167
Parte tres: Oportunidades y desafíos	173
1. Del baile a la fiesta tecno	175
2. La inteligencia artificial llegó al campo	181
3. El *big data* agropecuario	187
4. La conectividad en el agro, un desafío clave	195
Parte cuatro: De villanos a héroes	205
1. *Carbon farming*	207
2. Un caso testigo	213
3. Mercados de carbono	221
4. Caminos alternativos	231

5. La importancia del Alcance 3	**239**
6. Disparando a la luna o *Moonshot thinking*	**249**
7. Una agricultura regenerativa es posible	**251**
8. Cambio de paradigma	**255**
9. Ingenieros agrónomos superpoderosos	**259**
Agradecimientos	**263**

Prólogo

La revolución digital del agro, el primer libro de Carlos Becco, marcó el inicio de un camino absolutamente necesario en el sector agropecuario: el de hacernos cargo de sus falencias y defectos con una mirada proactiva y desafiante, pero positiva hacia el futuro. Cuando Carlos me mandó gentilmente su nuevo trabajo para que lo leyera y le diera mi opinión, no dudé un instante en aceptar.

Quedé atrapado desde la primera página y durante dos días me dediqué casi sin poder detenerme a revisar y comentar el texto que tenía enfrente: de algún modo, necesitaba participar de esa discusión, aportar ideas y dilemas, ampliar sentidos, ser parte de un libro que atraviesa temas tan esenciales tanto para mi trabajo como para mi búsqueda personal, así como, sin dudas, para el interés de todos, seamos o no conscientes de ello.

Las preguntas y sus respuestas posibles vuelven otra vez sobre los enormes desafíos que enfrenta la humanidad en relación con la alimentación y el ambiente, pero, en este caso, como dice la introducción de Carlos, se ahonda en el sentido detrás de todo esto: por qué es importante la innovación… O a más: por qué es verdaderamente importante la innovación tecnológica en el agro, una respuesta que va mucho más allá de lo económico. A partir de allí, se destaca con lucidez la transformación del rol de "villano" al rol de "héroe" que puede tomar el agro, al cual también podemos —y tal vez debamos— llamar sector "agrobioindustrial", una nueva denominación que abarca, de una manera más moderna, a todos los sectores, profesiones y actores que están involucrados en la producción, el uso y las transformaciones de biomasa.

Un aspecto especialmente destacado del libro es la referencia concreta de actores de carne y hueso, mencionados con nombre y apellido, que no solo proponen, sino que han logrado productos, sistemas y herramientas que dan respuesta a las crecientes demandas que está recibiendo este sector tan dinámico de actividad humana sobre la biósfera.

La velocidad que están cobrando los procesos de transformación son inéditos y mirar para atrás no nos garantiza un pronóstico certero capaz de visualizar el mundo de los próximos años. En la actualidad, como es sabido, todos los sectores están siendo interpelados por estos saltos disruptivos; hace apenas unos días pude ver en un documental cómo en China, con robots, drones y fábricas automatizadas de piezas y componentes, es posible terminar un edificio de doce pisos en menos de una semana. Mientras veía a esos robots ensamblando en las alturas diferentes partes del edificio, pensaba en Carlos y su apuesta por invitarnos a imaginar el impacto de estas innovaciones en este sector que tanto nos apasiona.

En una de mis charlas, analizo y explico cómo se construyen los paradigmas en el mundo actual y cómo se instala en la sociedad una cierta visión que termina por manipular nuestras emociones. Este es uno de los grandes desafíos que enfrentamos cuando las "verdades" se imponen en la sociedad, muchas veces demonizando a un producto o a un sector productivo.

Este es el caso de muchos sistemas de producción y de muchos productos del agro en nuestros días. La enumeración de datos y evidencia científica, apelando a la racionalidad, no nos garantiza un cambio en esta percepción. Es la emocionalidad creativa la que puede llevar al ser humano a imaginar un nuevo paradigma cambiando su opinión. Como nos dice siempre López Rosetti, somos seres emocionales con capacidad de razonar, y no al revés. La emocionalidad comanda nuestros actos y distorsiona la realidad que percibimos.

Carlos en este libro nos propone justamente eso, entusiasmarnos frente a un viaje fascinante con datos reales y proyecciones contundentes que invita a cambiar el rol y la potencialidad del sector, ya no como villanos, sino como héroes, en la construcción de un futuro deseable para todos.

En definitiva, los invito a adentrarse en este maravilloso relato épico que nos da energía y nos entusiasma, así como despierta nuestro interés sobre el futuro del sector agrobioindustrial, un nuevo mundo que apenas conocemos.

Jorge A Hilbert
Director de Energy & Environmental
Consulting Services

Introducción

Escribir *La revolución digital del agro* fue una de las experiencias más reveladoras de mi vida. Intentar reflejar y compartir la revolución que está transformando un sector que amo profundamente, y del cual he sido testigo privilegiado a lo largo de más de cuarenta años, significó una gran satisfacción, así como un enorme desafío: plasmar en palabras cambios tan profundos y, además, intentar hacerlo de una manera amena e interesante —algo que espero haber logrado— no fue tarea fácil.

La agricultura encierra un sinfín de pequeños secretos que no son sencillos de entender para una humanidad cada vez más refugiada en pantallas, aparentemente convencida de que la comida proviene de los supermercados y para la cual el campo es —fundamentalmente— un paisaje. Escribir me permitió abrir mi corazón, recibir los comentarios y las devoluciones de inesperados colaboradores y lograr una sorprendente sintonía con —hasta entonces— desconocidos lectores. Finalmente, me permitió alcanzar uno de los lugares más íntimos de una persona: su mesa de luz.

Debo reconocer, sin embargo, que algo me quedó pendiente de aquella tarea. Tiempo después de escribirlo, comprobé que faltaba algo que le diera sentido a esta revolución que con tanto entusiasmo abordaba, describía y compartía con tanta gente; detrás de tanta tecnología y de tanta innovación, detrás de tantas historias de emprendedores, faltaba un propósito. Sabía que no podía ser que esta revolución solo se tratara de revolucionar una industria *per se*. Faltaba un "para qué".

Y este para qué apareció diáfano haciendo una de las cosas que más me gusta, mirando el horizonte: *La revolución digital del agro* fue el punto de partida que me permitió comprender el impacto de la crisis climática desde mi perspectiva de ingeniero agrónomo. Entonces, a medida que estudiaba las complejas interacciones entre mi profesión y el ambiente, caí en la cuenta del dilema que enfrentamos: somos una industria milenaria que ha cumplido con creces su responsabilidad de alimentar a la humanidad, pero que tiene que cambiar profundamente; seguir de la manera como lo estamos haciendo, probablemente, nos conducirá a la extinción.

De villanos a héroes pretende aportar el propósito que le faltó a *La revolución digital del agro.* El agro, actividad que amo con pasión y que, además, considero la industria más importante del planeta, vive en la actualidad una encrucijada inédita en la historia: nunca antes fue percibida como una actividad peligrosa ni, mucho menos, como culpable de la crisis climática —algo que, quisiera dejar esto bien en claro desde el comienzo, no merecemos ni podemos permitirnos—.

El punto de partida consiste en reconocer muchas de las grandes ineficiencias de esta industria: sin ello, no será posible comenzar el camino de la redención. Y qué mejor que hacerlo desde la mirada autocrítica de quien se reconoce como protagonista del problema: frente a usted, lector, uno de los mayores vendedores de glifosato de la historia de nuestro país.

En definitiva, llegó la hora de dejar de ser los villanos para convertirnos en los héroes; tal vez, la revolución digital del agro no era el fin sino el medio.

Acerca de este libro

Decidí ordenar esta historia en cuatro partes; las cuales, a su vez, estarán divididas en secciones que constarán de diferentes capítulos. A fin de cuentas, el lector se encontrará con un libro de tipo "muñecas rusas", donde cada texto se inserta dentro de un tema mayor y este, a su vez, dentro de uno más grande aún. La mirada holística, la diversidad, serán protagonistas de estas páginas tanto en fondo como en forma.

La primera parte indaga en los orígenes de la agricultura y presenta al lector la crucial encrucijada que enfrentamos como humanidad; desde este dilema, aborda cómo los agricultores nos hemos convertido en unos de los villanos inesperados de esta historia de terror.

La segunda, si bien es profundamente autocrítica y pretende poner de manifiesto las enormes ineficiencias de nuestra actividad, ofrece un muestreo de las nuevas tecnologías que nos permiten seguir apostando y creyendo.

La tercera parte se focaliza en el contexto que nos rodea y en cómo —seguramente— la coyuntura afectará el devenir de esta historia. Podemos disponer de las herramientas, pero necesitamos de facilitadores externos —como la conectividad o la financiación— para poder aprovecharlas en toda su dimensión.

Lejos de un final mágicamente feliz, la cuarta y última parte ofrece un final posible, pero que depende de nosotros, aquí y ahora.

La idea de hacerlo de esta manera responde a una necesidad esencial de la materia de estudio de este libro, el universo del campo en general, el cual tiene diversas áreas de trabajo, múltiples formas de abordarlo y, a fin de cuentas, una miríada de actores que se concatenan con el objetivo de llevar adelante esta industria. Del mismo modo, creo que esta forma de abordaje permitirá a los lectores entrar en su lectura por el área que más le interese.

En relación con las fuentes, hemos resuelto evitar largas e improductivas direcciones web aun cuando somos conscientes de que estamos perdiéndonos la oportunidad de citar con mayor precisión los orígenes de los datos; en cambio, mencionamos los libros, los sitios o los organismos e invitamos a los lectores a que indaguen en estas fuentes a fin de conocer de dónde provienen estos números y estadísticas. Entre tantos cambios a los que nos enfrentamos, debemos asumir hoy que la inmensa mayoría de nuestros proveedores de datos se encuentran en la web y no ya en los libros, cuyas preciosas —y siempre necesarias— páginas no pueden albergar las actualizaciones que un lector actual requiere, máxime cuando hablamos de tecnología novedosa, como es el caso de este libro. Les pedimos muy encarecidamente las disculpas del caso y, si cabe, que confíen: aun cuando a veces parezcan irreales —a nosotros mismos no pocas veces nos lo parecen—, los números que verán a continuación reflejan la realidad a la que hemos podido acceder.

Parte uno: De dónde venimos

A pesar de la enorme relevancia de la agricultura en la historia de la humanidad —la cual desarrollaremos con amplitud—, ha sido esta una actividad usualmente subestimada o, peor aún, directamente ignorada por el común de las personas. Sin embargo, nunca antes la agricultura fue considerada como una actividad peligrosa para los humanos y para el ambiente, y nunca antes sus protagonistas fueron temidos.

Esta situación tiene, sin dudas, una razón altamente relevante: la historia del planeta parece encaminarse a su sexta extinción masiva, que posiblemente termine siendo la definitiva para nosotros —en última instancia, sus artífices—.

1. La sexta extinción masiva

En el año 2021 se cumplieron cincuenta años del Concierto para Bangladesh, un recital organizado por el ex Beatle George Harrison junto a Ravi Shankar donde participó un notable grupo de estrellas del rock —como Eric Clapton, Ringo Starr y Bob Dylan, entre muchos otros—, el cual pasó a la historia por ser el primer concierto benéfico de la historia de la música moderna. El motivo consistió en recaudar fondos para paliar una feroz hambruna que terminó con más de quinientas mil personas, terrible consecuencia de la guerra que asoló a aquel —para nosotros— lejano país. Este concierto sirvió, además, para poner en evidencia el problema del hambre frente a millones de jóvenes de todo el mundo —entre ellos, a quien les escribe, en aquel momento un adolescente de clase media porteño—.

Ese mismo año, un ingeniero agrónomo llamado Norman Borlaug fue galardonado con el Premio Nobel de la Paz por su contribución a la transformación de la agricultura. Hasta entonces, la humanidad había sido afectada por recurrentes hambrunas —tales como la que motivó aquel recordado concierto— a lo largo de toda su historia. Sin embargo, el éxito de la Revolución verde fue tan contundente que la cantidad de gente que falleció por hambrunas se redujo de diecisiete millones de personas en la década del sesenta a menos de quinientas mil en la década pasada. Un logro colosal, aunque cualquier cifra superior a cero sea una vergüenza para la humanidad.

Han pasado cincuenta años y aquel objetivo que parecía inalcanzable, alimentar a la humanidad, dejó de ser una quimera. Hoy, además de alimentar a una humanidad en donde la obesidad alcanza a un billón de personas y donde todos los años desperdiciamos una enorme cantidad de alimentos —como veremos en el capítulo "La comida que no comemos"—, además, contribuimos significativamente a la producción de combustibles. Sin embargo, cincuenta años más tarde, la misma humanidad que celebraba las cosechas récord con todos los cambios que eso trajo a la población mundial, enfrenta ahora un desafío, tal vez, mucho mayor que el hambre.

La palabra "extinción" tiene una fuerte connotación y nos remite a un evento definitivo y terminal. Ahora bien, según los científicos, para que una extinción pueda ser considerada como "masiva", debe desaparecer más del 75 % de las especies presentes en un intervalo de tiempo corto.

Uno pensaría que una catástrofe de esa magnitud es un evento absolutamente extraordinario; no obstante, sorprende comprobar que ello ya sucedió no en una ni en dos, sino en cinco oportunidades a lo largo de los últimos quinientos cuarenta millones de años —nada menos que la historia del planeta Tierra—, y siempre a causa de desastres naturales de distinta índole. La última de ellas tuvo lugar durante el Cretácico —se estima que a causa del impacto de un meteorito—, hace unos sesenta y seis millones de años, y sus víctimas más destacadas fueron los dinosaurios que recordamos en museos, exposiciones y en la saga *Jurassic Park*.

En la actualidad, no son pocas las voces que declaran que podemos estar frente a la sexta extinción masiva, cuyos protagonistas estelares somos los humanos, con la poco honrosa particularidad de que esta es la primera oportunidad en que la responsabilidad de la extinción no puede adjudicarse a causas naturales, sino que está directamente vinculada a una de las especies que habitan el planeta: nosotros.[1] Conforme señala Eustoquio Molina, catedrático de Paleontología de la Universidad de Zaragoza, esta sexta extinción masiva se explica a partir de tres grandes procesos:[2]

1. El primero de ellos es la masiva distribución que los humanos tienen por todo el planeta desde hace cien mil años —en términos de la edad de nuestro planeta, hace instantes—.

2. En segundo lugar, la Revolución neolítica, que comenzó con el desarrollo y la expansión de la agricultura hace unos ocho mil años. Para permitir esta expansión, fue necesario eliminar los bosques de una parte significativa del planeta afectando la biodiversidad: y aquí introducimos esta expresión que hace referencia a la amplia variedad de seres vivos que habitan el planeta Tierra y sus patrones naturales tras miles de millones de años de evolución. La biodiversidad es, por tanto, el término que incluye las especies vivas que suministran el sistema de soporte vital de la Tierra: una agrupación de plantas, animales, insectos y peces que componen los ecosistemas que nos proporcionan comida, agua limpia, aire y energía.

---

1 https://www.bbvaopenmind.com/ciencia/biociencias/vivimos-sexta-extincion-masiva/.
2 http://wzar.unizar.es/perso/emolina/pdf/Molina2008IFC.pdf.

3. Finalmente, la Revolución Industrial y su versión agrícola, la —justamente celebérrima— Revolución verde, los mayores responsables del calentamiento global, que pueden culminar con la extinción de un gran número de especies, incluyendo la nuestra.

Una de las evidencias más contundentes del impacto de la humanidad sobre el planeta es la deforestación. Al final de la última gran Edad de Hielo (unos diez mil años a. C.), aproximadamente el 57 % de las tierras habitables del mundo estaban cubiertas de bosques. Hoy, solo nos queda la mitad de aquellos bosques y, si bien la tasa de deforestación se ha ralentizado, no se ha detenido.[3]

Hay muchísima más evidencia que pone de manifiesto el daño que hemos hecho al planeta; sin embargo, no fue hasta una fecha muy reciente que comenzamos a entender las consecuencias de nuestras actividades.

La primera persona en alertar públicamente sobre el impacto del CO_2 en la atmósfera fue Svante August Arrhenius, un científico y profesor sueco. Lo hizo en abril de 1896 con un ensayo denominado "La influencia del ácido carbónico en el aire, sobre la temperatura del suelo". Para la época, el dióxido de carbono solía llamarse ácido carbónico, y Arrhenius especuló sobre su influencia y las variaciones atmosféricas de emitirse de forma masiva. Pero, en su estudio, este sueco posteriormente galardonado con el Premio Nobel de Química eludió atribuir a los combustibles fósiles la causa de un futuro calentamiento global.

Hacia finales del siglo XIX, dado que el desarrollo industrial no parecía impactar el equilibrio y la armonía de la

---

3 https://www.fao.org/state-of-forests/es.

naturaleza, nadie tomó en serio la teoría de Arrhenius. Recién en 1960, el geoquímico Charles Keeling, desde su observatorio de Mauna Loa, Hawái, alertó por primera vez al mundo de la posibilidad de que el hombre fuera el responsable del "efecto invernadero" y del calentamiento global.

Y ciertamente no estaba errado: el efecto no deseado del desarrollo industrial de la humanidad ha sido una monstruosa emisión de ciertos gases —el dióxido de carbono (CO_2), el óxido nitroso y el metano, conocidos como gases de efecto invernadero (GEI)— llevando el contenido de los mismos en la atmósfera a niveles realmente excepcionales. Como ya prácticamente todos sabemos, este exceso de GEI incrementa el efecto invernadero natural y explica el cambio climático.[4]

Pasaron muchos años desde la alerta de Keening: recién en el año 1994 las Naciones Unidas decidieron tomar cartas en el asunto y, dentro de la Convención Marco sobre el Cambio Climático (CMNUCC), se comenzaron a organizar las Conferencias de las Partes (también conocidas como COP) para consensuar planes de acción entre los países. El primer logro de este esfuerzo fue el protocolo de Kioto, que se firmó en 1997 y entró en vigor en 2005. Fue el primer tratado jurídicamente vinculante que estableció metas obligatorias de reducción de emisiones para los países desarrollados, que son los principales responsables históricos del calentamiento

---

[4] La masa de GEI es medida por su equivalencia en CO_2 o dióxido de carbono equivalente (CO2eq). Los distintos GEI son convertidos a su valor equivalente en CO_2 multiplicando la masa del gas en cuestión por su potencial de calentamiento global (GWP), una medida relativa de cuánto calor puede ser atrapado por un determinado GEI en comparación con un gas de referencia, por lo general CO_2.

global. Se basa en el principio de "responsabilidades comunes pero diferenciadas" y reconoce el derecho al desarrollo de los países en vías de desarrollo. Lamentablemente, este protocolo no logró involucrar a todos los países ni frenar el aumento de las emisiones. Fueron necesarias veintiún conferencias hasta que finalmente, en la COP21, realizada en 2015, se logró el histórico Acuerdo de París, el primero que establece responsabilidades compartidas entre todas las partes para la reducción de las emisiones de GEI. El acuerdo de París pretende ser más inclusivo, flexible y ambicioso que el protocolo de Kioto. Este acuerdo busca mantener el aumento de la temperatura global promedio apenas 2 °C por encima de los niveles preindustriales, con la ambición de limitar el aumento a 1,5 °C, reconociendo que esto reduciría significativamente los riesgos y efectos del cambio climático. El acuerdo establece que estos resultados deberían ser logrados mediante la reducción de emisiones de GEI. También propone aumentar la habilidad de las partes del acuerdo para establecer medidas de mitigación, adaptación y resiliencia al cambio climático, así como generar recursos financieros para lograr la reducción de las emisiones. Después de muchos años y largos debates, pareciera que la humanidad ha tomado consciencia de que no podemos seguir tratando al planeta como lo hemos venido haciendo hasta hoy y que un cambio copernicano es absolutamente imprescindible.

No obstante, aun a pesar de la evidencia que día a día nos golpea a todos y de los récords que rompen los termómetros año a año (por ejemplo, el pasado 17 de noviembre del 2023 fue el día más cálido de la historia de la humanidad), todavía quedan quienes piensan que esta crisis climática que estamos viviendo no es más que una curiosidad estadística propia de las variaciones del clima. A nivel científico, sin embargo, el consenso de que somos los humanos quienes estamos causando el calentamiento global es compartido por el 99 % de las publicaciones académicas.[5]

De esta manera, como mencionamos, por primera vez en la historia del planeta una especie ha sido capaz de ocasionar circunstancias que ponen en riesgo su propia existencia. La actividad del hombre ha provocado cambios biológicos y geofísicos de tal magnitud que alteraron el equilibrio que mantenía el sistema terrestre desde el comienzo del Holoceno, once mil quinientos años atrás.[6] En base a dicha información, los científicos acordaron que el planeta Tierra había comenzado una nueva era geológica, que fue bautizada —a modo de curioso homenaje— como "Antropoceno"[7], término creado por el biólogo estadounidense Eugene F. Stoermer en el año 2000, pero popularizado por el Premio Nobel de Química neerlandés Paul Crutzen a principios de 2010. Aceptar esta definición nos ofrece el raro privilegio de ser los primeros humanos de la historia en vivir en una época geológica definida por nuestra actividad.

La fecha propuesta como inicio para esta nueva era se sitúa en el año 1784, cuando el perfeccionamiento de la máquina de vapor abrió paso a la Revolución Industrial con la consecuente utilización masiva de energías fósiles. Sin embargo, en los últimos cincuenta años los seres humanos

---

5   https://www.researchgate.net/publication/301247690_Consensus_on_Consensus_A_Synthesis_of_Consensus_Estimates_on_Human-Caused_Global_Warming.
6   https://es.unesco.org/courier/2018-2/lexicon-anthropocene-sp.
7   https://www.nature.com/articles/nature14258.

hemos afectado los ecosistemas más rápida y extensamente que en cualquier otro período comparable de la historia de la humanidad.[8]

Christiana Figueres y Tom Rivett-Carnac, dos de los protagonistas del Acuerdo de París, presentan dos posibles escenarios en su libro *El futuro por decidir. Cómo sobrevivir a la crisis climática.*

El primer escenario parte de la realidad que ofrece el presente: el mundo que estamos creando en la actualidad conduce a un calentamiento que excede los 3 ºC. Si los gobiernos, las corporaciones y los individuos no hacemos más esfuerzos que los registrados en el Acuerdo de París del 2015, llegaremos a un calentamiento de —al menos— 3,7 ºC en el año 2100. Peor aún, si no cumplimos ni tan siquiera con los compromisos asumidos, podemos esperar un calentamiento de 4 o 5 ºC, y este panorama es verdaderamente sombrío. Aunque es posible que muchos de los peores escenarios no se hicieran realidad hasta la segunda mitad del siglo, está claro que para entonces el sufrimiento humano sería elevado, la biodiversidad se vería diezmada y nosotros y nuestros hijos viviríamos en un mundo muy diferente al que conocemos y —además— en un deterioro constante.

El segundo escenario es el mundo que debemos crear, limitando el calentamiento a no más de 1,5 ºC. Ya no podemos dar marcha atrás para volver a las emisiones del pasado, pero

---

8 https://www.cepal.org/es/temas/biodiversidad/perdida-biodiversidad#:~:text=Durante %20los %20 %C3 %BAltimos %2050 %20a %C3 %B1os, no %20muestran %20se %C3 %B1ales %20de %20disminuci %C3 %B3n %E2 %80 %9C.

podemos esforzarnos en conseguir un mundo mejor en el que la naturaleza y la familia humana no solo sobrevivan, sino que prosperen juntas.

Los científicos han aseverado con total claridad que el escenario de "apenas" 1,5 °C más caliente sigue siendo alcanzable, pero que la ventana se está cerrando con rapidez. Para tener al menos un 50 % de probabilidades de éxito (lo cual supone un riesgo aceptablemente alto), debemos reducir las emisiones globales a la mitad de los niveles actuales en 2030, de nuevo a la mitad en 2040 y, finalmente, llegar a la neutralidad de carbono en 2050 como máximo.[9]

Un cambio de esta magnitud requerirá transformaciones mayúsculas en casi todos los ámbitos de la vida y del trabajo. La agricultura y los agricultores no somos la excepción; por el contrario, en las próximas páginas pretendo explorar y profundizar de qué manera la agricultura tiene un rol protagónico para ayudarnos a hacer realidad este escenario.

---

9 https://www.ipcc.ch/sr15/.

2. La agricultura en su laberinto

Como dije, estoy convencido de que la agricultura es la industria más importante del mundo. Fue la agricultura la que permitió el nacimiento de la civilización humana y, aun cuando ya han pasado diez mil años desde aquel acontecimiento, sigue siendo una de sus principales generadoras de empleo.[10] La agricultura, principal fuente de nuestra alimentación, es, a fin de cuentas, la que hoy nos permite sostenernos en nuestro lugar en el universo: el planeta Tierra. Y a más: entre muchas variables para analizar, veamos este ejemplo nada inocente: a pesar de la enorme inversión en el desarrollo de productos farmacéuticos y nutracéuticos, la agricultura nos protege contra más enfermedades que cualquier innovación sanitaria. Como si fuera poco, a pesar de vivir en un mundo largamente industrializado y digitalizado, el valor total de la agricultura en su conjunto representa un PBI de 3,8 trillones de dólares y solo es superado por cinco actividades: salud, educación, finanzas, ventas minoristas y medios.[11]

Sin embargo, es triste comprobar que, a pesar de todo lo que ha representado la agricultura para la humanidad, los agricultores hemos sido —con muy honrosas excepciones—

---

10   https://datos.bancomundial.org/indicator/SL.AGR.EMPL.ZS.
11   https://data.worldbank.org/indicator/NV.AGR.TOTL.KD.

actores de reparto de la historia. Los protagonistas de la historia han sido, en cambio, militares (seguramente demasiados), políticos, reyes, emperadores —y demás miembros de la nobleza—, religiosos, mártires, pensadores, científicos, navegantes, doctores, artistas, empresarios, etcétera. ¿Cuántos agricultores destacados podemos mencionar a lo largo de toda la historia?

En este caso, ni siquiera Google parece ser de gran ayuda, y se hace necesario recurrir a la búsqueda en inglés para acceder a diferentes enumeraciones que, como suele ocurrir, se repiten en sus miradas y errores: por ejemplo, no es poco usual encontrar a la tan citada y admirada Rachel Carson en estos listados; sin pretender soslayar el enorme aporte que dejó a la industria, no nos consta que la célebre bióloga marina haya nunca sembrado una hectárea de campo. Del mismo modo, a veces da la impresión de que la agricultura para estas páginas —como en tantos otros casos— nació y se desarrolló casi exclusivamente en los Estados Unidos. No obstante, sea como fuere, los ingenieros agrónomos no tendemos a la fama y apenas si podemos concordar en algunos casos de agricultores destacados en la historia como, por ejemplo, John Deere (1804-1886), George Washington Carver (1864-1943), Cyrus McCormick (1809-1884), George Harrison Shull (1874-1954), Henry A. Wallace (1888-1965) y Norman Borlaug (1914-2009), grandes inventores, promotores y desarrolladores de nuestra actividad.[12]

Personalmente, no tengo dudas de que los argentinos Víctor Trucco y Rogelio Fogante, dos de los ilustres fundadores de AAPRESID (Asociación Argentina de Productores en

---

12 https://agvanwert.wordpress.com/2009/09/30/top-10-most-influential-people-in-agriculture-and-farming-history/.

Siembra Directa), que mencionaremos en numerosas oportunidades en este libro, así como el chileno Carlos Crovetto Lamarca, entre otros, deberían estar incluidos en esta lista por su contribución al desarrollo y la expansión de la labranza conservacionista en el mundo a fines del siglo XX, por poner solo un ejemplo de las muchas innovaciones que han aportado al sector algunos de nuestros representantes. Sin embargo, ¿cuántos saben de su contribución? ¡Qué poco nos hemos ocupado de comunicar —y honrar— a los próceres de nuestro sector!

Cómo explicar esta ausencia de protagonismo pasa a ser una pregunta necesaria, y la respuesta seguramente sea la más simple posible: porque la agricultura y los agricultores muy pocas veces fuimos parte de la agenda. Incluso, creo no equivocarme al sostener que, a lo largo de la historia, el foco de los gobernantes en relación con nuestra actividad ha estado simplemente en asegurar que los agricultores cumpliéramos con la responsabilidad de proveer alimentos demandando la menor atención posible; en otras palabras, como si dar frutos fuera la tarea natural del árbol, no su hazaña.

Sin embargo, cabe mencionar que la historia es pródiga en revoluciones y revueltas nacidas a partir del hartazgo de los campesinos: en este sentido, es muy recomendable la lectura del trabajo de Luis Viale[13], quien ofrece una detallada recopilación de las rebeliones campesinas de la historia. Nos cuenta, por ejemplo, que la primera de ellas sucedió en Egipto hacia fines del Imperio Medio, en el año 1750 a. C., cuando los esclavos y campesinos se rebelaron cansados de la brutal

---

13 https://www.archivochile.com/Ideas_Autores/vitalel/7lvc/07histun i0005.pdf.

explotación; según registra el documento que narra aquella epopeya —el cual se encuentra en el Museo de Leyden, en los Países Bajos—, el resultado de esta revolución fue contundente: "La capital del reino fue tomada y el rey apresado por los pobres". A partir de aquella rebelión, la escena se repitió como en un cuento de Borges y la relación entre la agricultura y los protagonistas de la historia osciló entre largos períodos de ignorancia y subestimación que terminaron en estallidos más o menos violentos.

Ahora bien, no obstante, aun cuando su trascendencia pocas veces fue verdaderamente tenida en cuenta, nunca a lo largo de la historia de la humanidad los agricultores fueron percibidos como una actividad peligrosa para la sociedad: esta es una muy curiosa novedad de los tiempos que vivimos y, en gran parte, como mencioné, uno de los disparadores de este libro.

Fue una mujer la primera en denunciar los efectos colaterales del uso desmedido y descontrolado de los agroquímicos: Rachel Carson, una bióloga marina de escasos recursos que ocupó diferentes puestos en el Servicio de Pesca y Vida Silvestre de los Estados Unidos hasta que, tras alcanzar cierto éxito como redactora *freelance,* pudo dedicarse a la escritura a tiempo completo. Luego de algunos libros que se convirtieron en clásicos de su materia —compilados en la llamada *Trilogía del mar*—, Carson publicó en 1962 *Primavera silenciosa,* el cual trata sobre el uso devastador del DDT y de otros insecticidas sintéticos. A partir de allí, analiza en forma lúcida de qué manera, al fumigar sin ton ni son bosques y plantaciones, matamos no solo a los insectos, sino también todo tipo de vida: aves, peces, mamíferos y, a la larga, al propio ser humano. Con una combinación de minuciosa investigación científica y un estilo hermoso y sobrecogedor, la "poeta del mar" —tal como fue llamada— logró hacer comprensible el profundo alcance del problema.

Primavera silenciosa fue un enorme éxito editorial, pero recibió —qué sorpresa— una enorme oposición de la industria. En junio de 1963, mientras su obra se difundía por el mundo entero, ella comparecía ante el Comité de Riesgos Medioambientales del Senado de los Estados Unidos y abría su intervención con estas palabras: "El problema que han decidido abordar hoy debe resolverse en nuestra época. Tengo la firme convicción de que debemos dar un primer paso ahora, aquí, en esta reunión". Y su celo y su premura no eran solo retórica. Ella misma estaba muriendo: al momento de la publicación de *Primavera Silenciosa*, Rachel Carson tenía cáncer de mama, y cuando declaró ante el Senado el tumor se había extendido al hígado. El uso del DDT en la agricultura se prohibió en Estados Unidos en 1972, en gran medida gracias a la enorme repercusión de su libro. Rachel, sin embargo, no pudo disfrutar de aquella noticia, falleció en 1964 a la edad de cincuenta y seis años.

Primavera silenciosa es considerado el primer texto divulgativo sobre el impacto ambiental y se ha convertido en un clásico de la concientización ecológica. En 2006, fue seleccionado entre uno de los veinticinco libros de divulgación científica más influyentes de todos los tiempos por los editores de la revista *Discover*.

A partir de aquella publicación, cada día resulta más acuciante la presión que enfrenta la agricultura industrial por parte de distintos sectores de la sociedad. Expresiones como "dejen de fumigarnos", campañas mediáticas contra los "agrotóxicos" y proyectos de impuestos para gravar los fitosanitarios son solo algunas de estas expresiones. Expresiones que, justo es decirlo, cuentan con no pocos argumentos: aquella profecía de una primavera sin pájaros —la metáfora central que ofrecía el libro— anticipó el dilema donde hoy nos encontramos atrapados: por un lado, los agricultores necesitan de los agroquímicos para alimentar a una población que no deja de crecer y demandar, mientras que, al mismo tiempo, nuestro planeta da claras e inequívocas señales de agotamiento.

Veamos un ejemplo: una investigación del INTA[14] realizada el año 2018 a partir de una serie de *focus groups* identificó las principales percepciones —según parte de los habitantes de la región pampeana argentina— sobre el impacto ambiental de la producción agropecuaria. En primer lugar, aparecían la contaminación por agroquímicos y la degradación del suelo, seguidas en un segundo nivel por la pérdida de biodiversidad y el desmonte, terminando con la escasez de agua y la contaminación de los efluentes.[15]

Del mismo modo, resulta impactante el resultado de una encuesta realizada por la consultora Synopsis para AmplificaAgro en el año 2022, la cual advierte que muchas personas piensan que el sector no tiene compromiso con el cuidado del ambiente. Nada menos que el 43,5 % de los encuestados afirmó que el campo está poco y nada comprometido con el cuidado del ambiente.[16]

Y acá debemos dejar clara una nueva realidad: la sociedad del siglo XXI no acepta productividad sin sostenibilidad. Aquel

---

14 El Instituto Nacional de Tecnología Agropecuaria es un organismo de investigación estatal, descentralizado y con autarquía financiera y operativa dependiente del Ministerio de Agricultura, Ganadería y Pesca de la República Argentina.
15 https://inta.gob.ar/sites/default/files/inta_cicpes_instdeeconomia_cristeche_percepcion_sobre_el_impacto.pdf.
16 La encuesta se puede consultar en el sitio web amplificagro.com.ar.

argumento de que el fin justifica los medios no se aplica en este caso, ni siquiera cuando está en juego algo tan esencial como la alimentación, y es por ello que, como vimos anteriormente, nunca antes en la historia los agricultores hemos soportado tanta presión social. Ignorados durante milenios, héroes silenciosos de una Revolución verde que dio por tierra la catástrofe malthusiana, los agricultores de la actualidad somos cada vez más cuestionados y desafiados aun cuando hemos alcanzado hitos que hasta hace unas décadas parecían impensables.

Uno de los casos emblemáticos en relación con los reclamos ha sido el del herbicida conocido como glifosato, cuyos cuestionamientos han sido —solamente— el comienzo de una larga guerra. El mundo está cambiando rápidamente y las presiones y exigencias sobre la actividad agropecuaria seguirán escalando. A esta altura, de nada sirve hacer oídos sordos, quejarnos u ofrecer argumentos que nos excusen: el único camino válido es conocer nuestra realidad y prepararnos para ofrecer una respuesta superadora. Por ello, insisto en que es clave conocer y medir el impacto de nuestra actividad y de sus factores determinantes: solo conociéndolos y estando preparados seremos capaces de dar una respuesta apropiada.

¿Les resulta excesivo? Para aquellos que piensan que todavía estamos lejos, creo que vale la pena compartir la experiencia reciente de un productor agropecuario amigo que me comentaba que, al momento de pedir un préstamo en un banco de primera línea, le exigieron que informara de la huella de carbono de su explotación. Personalmente, no tengo dudas de que, en breve, la sostenibilidad dejará de ser opcional.

Por el contrario, descalificar estas críticas argumentando que solo reflejan un sector minoritario de la sociedad, o intentar justificar nuestra posición desde una perspectiva basada exclusivamente en —nuestros— argumentos científicos, no promete una solución de largo plazo para estos reclamos. La historia es pródiga en casos que demuestran que hacer oídos sordos a los cuestionamientos de la sociedad es garantía de fracaso.

Ya no podemos refugiarnos en la trampa del mal necesario ni argumentar que "no sabíamos". Como desarrollaremos en forma extensiva, hoy la tecnología nos permite imaginar una agricultura cada vez más consciente y productiva, acorde con las necesidades de la población mundial y con lo que se espera de ella, pero a la vez cada vez más sostenible y con un impacto ambiental cada vez menor. Quienes creemos en su valor y amamos nuestra actividad seguiremos buscando hacer posible este propósito que, antes que un sueño, es una realidad necesaria, una realidad que ya muchos emprendimientos a lo largo de nuestro país y el mundo están llevando adelante.

3. Hacia una agricultura regenerativa

La agricultura nació el día que los *Homo sapiens* encontraron la manera de sembrar las primeras semillas. Para hacerlo, tuvieron que inventar herramientas capaces de abrir un surco en el suelo donde depositarlas —tarea que luego fue bautizada como labranza—. Tales herramientas fueron evolucionando desde simples palos puntiagudos hasta el arado de metal, que se convirtió en el símbolo de la actividad. A partir de la primera cosecha exitosa, pues estoy seguro de que fueron muchos los intentos fallidos, pudieron abandonar su vida nómade y fijar residencia en un lugar que pronto aprendieron a llamar hogar. Aquel fue el comienzo de la civilización.

Lo que aquellos primeros agricultores jamás hubieran podido imaginar era que al labrar el suelo comenzaban a liberar CO_2 a la atmósfera, uno de los principales GEI.

Trataré de explicar de manera resumida este ciclo. El CO_2 presente en la atmósfera es capturado por las plantas —gracias a la energía del sol— donde es transformado en biomasa. Cuando las plantas cumplen su ciclo, esta biomasa se degrada, parte de la misma vuelve a la atmósfera y otra parte se convierte en materia orgánica (MO), un elemento estable por largos períodos de tiempo. De esta manera, la MO acumulada durante milenios convierte los suelos en uno de los grandes reservorios de CO_2 del planeta Tierra.

En un ecosistema natural, este ciclo llega a un equilibrio en el cual la MO permanece estable y el balance final de CO_2 es neutro. Cada ecosistema llegará a diferentes equilibrios dependiendo fundamentalmente de la provisión de energía solar, temperatura, agua y nutrientes disponibles por tipo de suelo.

Finalmente, cada vez que un agricultor labra el suelo, transforma esta MO en minerales para alimentar las plantas, pero al hacerlo libera el CO_2 acumulado durante milenios, de manera similar a cuando extraemos un combustible fósil para abastecer nuestros vehículos.

En definitiva, ya desde su concepción la agricultura produce un disturbio significativo en el suelo dado que las sucesivas labranzas destruyen la MO reduciendo así su fertilidad, algo que fue conocido ya por los primeros labradores; afortunadamente, este proceso es reversible.

Vayamos ahora un tiempo atrás. Mientras los agricultores lograron mantener un equilibrio entre la MO que destruían y la que el suelo era capaz de regenerar, la agricultura fue un sistema sostenible, en buena medida, gracias a que el uso de la tierra era compartido entre la producción de granos y la cría de los distintos animales: al cabo de una cierta cantidad de cosechas, se dejaba descansar la tierra para que recuperase su fertilidad y era el turno del ganado en la rotación. Este sistema era sostenible y se complementaba —solo en contadas ocasiones— con el aporte de fertilizantes orgánicos. Asimismo, lo producido era suficiente para alimentar las aldeas, el ganado, los animales responsables del transporte y hasta para generar un pequeño excedente que se comercializaba en los mercados locales.

Aquella agricultura sostenible era una actividad profundamente artesanal donde los conocimientos se pasaban de generación en generación y cuya principal limitación era su baja productividad. Tomemos el caso del maíz, uno de los cereales más cultivados del mundo: desde que fue domesticado por los pueblos mesoamericanos, su productividad tuvo apenas pequeños incrementos a lo largo de seis mil quinientos años. En los Estados Unidos, los rendimientos recién comenzaron a registrarse en 1866, y el primer salto significativo recién se registra en 1936, con la llegada de una disrupción genética innovadora, la hibridación, una de las primeras grandes innovaciones de la agricultura industrial. Hasta entonces, la única manera de aumentar la producción para satisfacer el crecimiento de la demanda era expandir el área. Ello explica el motivo por el cual la superficie dedicada a la producción agrícola, que hasta el siglo XVIII no había superado las mil millones de hectáreas, comenzó a expandirse hasta cuadruplicarse hacia mediados del siglo XX —en correlación con el crecimiento de la población mundial—.[17] Obviamente, esta expansión tuvo su correlato en la consiguiente deforestación.

Como ya vimos —tantas veces—, tuvimos que esperar a la Revolución verde de Norman Borlaug para que la productividad agrícola comenzara un ciclo de crecimiento exponencial. Este salto productivo se explica —básicamente— gracias a tres innovaciones: a la mejora en la eficiencia de la fotosíntesis —merced a la manipulación genética—, al aporte de los nutrientes sintéticos y a la eliminación de la competencia —o sea, más y mejores fitosanitarios—. De esta manera, la Revolución verde solucionó el acuciante problema del hambre, pero contribuyó a crear otro: un fenomenal incremento de emisiones

---

17 https://ourworldindata.org/peak-agriculture-land.

de CO_2 ocasionado por una agricultura sin descansos y por el desmedido uso de energía para producir y transportar todos los insumos adicionales (fertilizantes y agroquímicos) requeridos por la misma. Así llegamos a la situación actual, donde, dependiendo de las fuentes, la agricultura y la ganadería se han convertido en uno de los grandes responsables de la crisis climática, con un impacto en la emisión de GEI que oscila entre el 21 %[18] y el 24 %[19]. Independientemente de los porcentajes, no hay dudas de que el planeta Tierra no soportará muchos años más un modelo de producción de alimentos tal como el que conocemos actualmente.

Hacia fines del siglo pasado, comenzó el desarrollo de un nuevo tipo de laboreo —conocido como siembra directa, labranza cero o labranza conservacionista—, en el cual la Argentina, a partir de la enorme gestión de los pioneros de AAPRESID, se convirtió en líder mundial. Gracias a esta tecnología, la agresión al suelo se reduce al mínimo imprescindible para sembrar las semillas, en forma directa, sin atacar tan ostensiblemente la MO. Su adopción en la Argentina fue sorprendente: apenas diez años después del primer congreso de esta asociación, celebrado en 1992 en Huerta Grande, Córdoba, el 90 % de la agricultura en el país se realizaba aplicando esta tecnología. Esta práctica revolucionaria ha alcanzado niveles muy altos de penetración en países como Brasil, Uruguay, Paraguay, Estados Unidos y Australia. Es más, el éxito de la siembra directa fue tan grande que el arado —otrora símbolo de la agricultura— quedó relegado a una pieza de museo que podemos encontrar en las entradas de muchos

---

18 breakthroughenergy.org.
19 drawdown.org.

pueblos de la Argentina: una especie de cálido homenaje popular hacia un ícono de una agricultura que ya es historia.

Pero aquel logro fabuloso hoy resulta insuficiente. Ya en el año 2020, en el marco del XXVIII Congreso de AAPRESID, el geólogo David Montgomery anticipaba aquello que nos deparaba —o debía deparar— el futuro: "Estamos cerca de una revolución basada en la salud del suelo, en un punto de cambio en la historia: podemos convertir a la agricultura en actor de recuperación del suelo en lugar de degradador. La reconstrucción del suelo es una de las inversiones más grandes que puede hacer hoy la humanidad".

Esta es precisamente la hipótesis de la agricultura regenerativa. Un modelo productivo que literalmente "mejore" el suelo; el desafío de la agricultura regenerativa es terminar con estos ciclos de destrucción-construcción y desarrollar modelos de mejora continua. ¿Es ello posible?

En 2018, Gabe Brown publicó su libro *Dirt to Soil*, donde relata de qué manera logró incrementar la MO de su granja de setecientas doce hectáreas, ubicada en las afueras de Bismarck, en los Estados Unidos, de manera sostenida desde 1994 y dar así comienzo al término "agricultura regenerativa". El ejemplo de Gabe Brown se difundió por todo el planeta y hoy son muchos los casos de agricultores e instituciones que la impulsan. Se estima que, en la actualidad, se cultivan más de quince millones de hectáreas en todo el mundo con esta modalidad, lo que no es mucho si se tiene en cuenta que la superficie agrícola mundial es de aproximadamente cinco mil millones de hectáreas —pero recordemos que el viaje más largo siempre comienza con un primer paso—.

¿Qué tan cerca estamos de una agricultura regenerativa en la Argentina? Como primera medida, vaya obviedad, se debe partir de minimizar toda agresión al suelo. Tal como mencionamos arriba, en un país donde casi el 90 % de la agricultura se hace en siembra directa, estamos frente a un punto de partida privilegiado.

El segundo principio de la agricultura regenerativa consiste en mantener el suelo protegido constantemente. Para entender lo que ello representa, los invito a viajar a 1888, cuando Van Gogh comienza en Arlés un nuevo ciclo de pinturas reflejando el mundo campesino que tanto le apasionaba; centrémonos ahora en *Campo arado*, una de mis obras favoritas de ese período, en la cual el artista simplifica extremadamente la composición presentando la imagen de la tierra rasgada por los profundos surcos del arado. Una estampa bellísima, pero sumamente triste: el suelo sometido a la agresión de aquel instrumento de tortura, completamente desnudo y expuesto a las inclemencias de la lluvia y el viento. Desde una perspectiva ambientalista, podríamos definir esta obra como una "naturaleza muerta".

Pues bien, en el mundo de la agricultura regenerativa, Van Gogh nunca habría podido pintar este cuadro. En otro profundo cambio de paradigma, ella propone reemplazar al "campo arado" por "cultivos de cobertura", cultivos que se siembran "simplemente" con el objetivo de incrementar la fertilidad del suelo y la capacidad de retención de agua, aumentar la biodiversidad y disminuir la presencia de posibles plagas, cultivos que no se cosechan, sino que se incorporan al suelo. Encontramos aquí una novedosa manera de gestionar la fotosíntesis: la biomasa generada ya no es utilizada para producir alimentos para los humanos, sino para alimentar el suelo.

Precisamente, el uso de cultivos de cobertura es una de las prácticas que más ha crecido en la Argentina en los últimos años. Según el Relevamiento de Tecnología Agrícola Aplicada de la Bolsa de Cereales de Buenos Aires durante la campaña 2019/20, el porcentaje de productores que realiza cultivos de cobertura se quintuplicó en solo cinco años hasta alcanzar al 19 %, y la superficie cubierta con los mismos alcanzó las trescientos cincuenta y dos mil hectáreas.

El tema, desde ya, merece un espacio sensiblemente mayor que el que pueden ofrecer estas páginas, pero me gustaría ofrecer al lector, al menos a modo de acercamiento, un listado de otros de los principios esenciales de la agricultura regenerativa: propiciar la biodiversidad, incorporar la ganadería a la producción agrícola y conservar las raíces vivas de los cultivos perennes. Como vimos, todas prácticas características de nuestras raíces productivas.

Son muchos los ejemplos de iniciativas de agricultura regenerativa que existen en nuestro país. Posiblemente, uno de los primeros haya sido Guayaki, la empresa creada por Alex Pryor en 1996. Esta empresa no solo se ha convertido en la principal comercializadora de productos a base de yerba mate en los Estados Unidos —ya factura noventa millones de dólares al año—, sino que trabaja con comunidades de productores ofreciéndoles un mejor precio y ayudando a restaurar el bosque tropical. Según su último reporte de impacto ambiental, Guayaki ya regeneró más de ciento cuarenta y cinco mil hectáreas de bosque tropical en la región, y se planteó como objetivo llegar a los ochocientos mil para 2030.

Y, si miramos a la pampa húmeda, entre los múltiples promotores de la agricultura regenerativa que florecen en nuestro país, me gustaría destacar, a modo de ejemplo, el caso de Lucas Andreoni, un inquieto asesor-productor de Laboulaye, una localidad del sur de Córdoba. Lucas viene trabajando desde hace algún tiempo en el desarrollo de sistemas de agricultura regenerativa utilizando todos los principios arriba mencionados; a esto, le agrega un nutrido arsenal de herramientas digitales que le permiten mejorar en forma auspiciosa la presencia de MO en el suelo. Pero Lucas no está solo, cada vez son más los asesores y los productores que lo siguen y trabajan —silenciosamente— en desarrollar esta nueva agricultura. En los próximos capítulos, profundizaremos en las tecnologías y conoceremos a los protagonistas; ahondaremos, en definitiva, en los avances que nos permiten ser optimistas con relación al futuro.

En un universo donde el cambio climático comienza a determinar la agenda de nuestra economía, la agricultura regenerativa puede ser una alternativa para mejorar la salud del suelo y del planeta como una importante fuente de secuestro de CO_2.

Hace más de treinta años, en nuestra Argentina, un grupo de pioneros y soñadores logró convertir en realidad el sueño de producir conservando el suelo; pues bien, llegó la hora de producir mejorando nuestro suelo.

Parte dos: Caminos para lograrlo

La agricultura es una actividad apasionante. Como vimos, cooperar con la naturaleza, unir fuerzas con ella, enfrentar sus avatares y sobrevivir a sus rigores resulta una tarea titánica, tarea que los *Homo sapiens* venimos desarrollando desde los albores de la humanidad para asegurarnos la supervivencia y permitir la prosperidad de nuestra especie.

Para hacer frente a semejante tarea, fue necesario desarrollar innovadoras tecnologías. Y, ya fuera con aquellas primeras herramientas rudimentarias para labrar el suelo que podemos encontrarnos en los museos o con las sorprendentes innovaciones actuales, el objetivo fue siempre el mismo: producir más para ser capaces de alimentar a una humanidad en constante crecimiento, no solo en número, sino en calidad de exigencias.

En esta segunda parte del libro, recorreremos las principales herramientas y tecnologías que los productores agropecuarios hemos utilizado a lo largo de la historia y comprobaremos cómo la innovación ha sido una constante permanente; cómo hemos ido, y vamos, encontrando los medios para mejorar tanto en cantidad como en calidad nuestra producción.

Para llevar adelante este recorrido, he resuelto organizar esta extensa segunda parte en diferentes secciones, las cuales a su vez abordarán distintos ángulos y propuestas, distintas problemáticas y nuevas opciones. Detrás del proceso de producción de alimentos se encuentra una larga lista de actividades y cada una de ellas merece una oportunidad de mejora y crecimiento; o, mejor dicho, cada una de ellas ya tiene detrás a mucha gente trabajando con excelentes ideas para su mejoría y crecimiento. Con ustedes, algunos ejemplos.

1. El campo y los agroquímicos

a. De los laberintos se sale por arriba

Cuando escucho las campañas que pretenden terminar con el uso de los agroquímicos, me pregunto: ¿qué piensan de los productores agropecuarios?, ¿acaso imaginan que gozamos aplicando glifosato, que no nos importa hacerlo? O, peor aún, ¿nos consideran alguna especie de "zombies" dominados por fuerzas malvadas a las que solo mueve el afán de ganar más? De hecho, somos "agricultores", literalmente "cultores del agro"; en otras palabras, vivimos con, del y en el campo: tengan por seguro que no hay otra industria que quiera más la tierra que nosotros.

Es por ello que podemos asegurarles que los produc-tores agropecuarios no amamos los agroquímicos, e incluso somos absolutamente conscientes de su peligrosidad y de sus contraindicaciones, así como entendemos que son una herramienta necesaria y —lamentablemente— hasta el momento imprescindible para poder cumplir con nuestra misión. Siempre que hemos tenido la oportunidad de reemplazarlos por mejores alternativas, lo hemos hecho.

Como anticipamos al comienzo del libro —y en tantas otras ocasiones—, nos encontramos atrapados en un complejo laberinto: por un lado, los necesitamos para alimentar a una población que no deja de crecer, mientras que, al mismo tiempo, nuestro planeta y sus habitantes nos demandan dejar de utilizarlos.

Pocos saben, no obstante, que este dilema no comenzó ayer, sino que comenzó hace miles de años, cuando nuestros antepasados tomaron una decisión trascendental: comenzar a modificar la naturaleza para su provecho. En lugar de alimentarse del menú de opciones que la naturaleza les proporcionaba de manera espontánea a medida que avanzaban por el camino, decidieron asentarse en un territorio y comenzar a elegir ellos el menú. En otras palabras, pasamos de ser recolectores a ser agricultores. A partir de aquel momento, la respuesta de la naturaleza no se hizo esperar y esa respuesta tomó el nombre genérico de plagas, ya fueran malezas, insectos o enfermedades. Comenzó allí una pelea feroz y despiadada entre ellas y el hombre; una competencia por la luz, la humedad y los nutrientes, competencia que perdura hasta nuestros días. Justo es reconocer que, hasta hace muy poco tiempo, las plagas eran las claras ganadoras de esta contienda y que la humanidad apenas podía conformarse con convivir con ellas y pagar —estoicamente— el tributo del hambre.

En esta batalla, la humanidad siempre confió en la química como una de sus armas más importantes: los chinos y los egipcios, por ejemplo, ya utilizaban productos químicos para controlar insectos y otras plagas; los sumerios, por su parte, empleaban azufre para controlar algunos insectos, y, hacia el año 300 a. C., los romanos aplicaban sal y aceite de oliva para controlar las malezas. Tuvimos que esperar hasta fines del siglo XIX para que la química moderna nos ofreciera un arsenal más adecuado para la contienda.

Pero todo cambiaría hacia mediados del siglo XX: la oferta de soluciones químicas desarrollada a partir de la Revolución verde, junto con otras muchas innovaciones tecnológicas, permitió liberar el potencial productivo de las plantas y dar inicio a una etapa de prosperidad nunca antes conocida por la humanidad. Se creía, entonces, que el hombre lograba ganar la batalla.

Pero esa sensación duró poco y, rápidamente, aparecieron voces que comenzaron a cuestionar esta victoria aparente o, mejor dicho, su costo. Ya mencionamos a Rachel Carson y su *Primavera silenciosa:* fue ella la primera en denunciar los efectos colaterales del uso desmedido y descontrolado de los productos químicos. Aquella profecía de una primavera sin pájaros anticipó el laberinto donde hoy nos encontramos atrapados.

Agroquímicos y fitosanitarios son expresiones similares: estamos hablando de productos químicos cuyo destino es ayudar a los agricultores a producir alimentos. Vamos a decirlo otra vez con total claridad, todos ellos, sin excepción, son un mal necesario y nadie duda de que un mundo donde los mismos no fueran necesarios sería un mundo mejor. Sin embargo, por el momento, los necesitamos para alimentar al mundo. Hay, está claro, quienes aun con estos argumentos piensan diferente, quienes consideran que el costo es demasiado alto, quienes sostienen que hay otras soluciones mejores… Tal vez tengan razón, pero al momento somos muchos los que no encontramos una mejor respuesta y muchos los que consideramos que aún este mal es necesario.

Dicho esto, la parte "necesaria" de la declaración que ofrecí dos veces ya en este capítulo, creo que sería prudente ahondar en la parte "mal". Si bien los agroquímicos han ayudado a aumentar significativamente la producción de alimentos, existe evidencia de que el uso excesivo e inadecuado de los mismos puede causar impactos adversos a los suelos, los ecosistemas, la salud animal y la salud de las personas. Entre los efectos adversos a la salud de los seres vivos, se pueden mencionar: trastornos fisiológicos, comportamentales y reproductivos, intoxicaciones y otras afecciones, entre otros, que suponen también una amenaza a la biodiversidad.

Como ya hemos mencionado, el primer paso necesario para cualquier cambio de comportamiento consiste en disponer de las métricas y los instrumentos para conocer correctamente. A lo largo de los años, la manera de medir la peligrosidad de los fitosanitarios ha ido evolucionando y es necesario entender las diferencias entre cada una de estas medidas. Veamos cada una de ellas con un poco más de profundidad.

1. Toxicidad

La toxicidad es definida como la "capacidad de una sustancia de generar daños en un ser vivo". En la República Argentina, el SENASA[20] es la autoridad que regula la clasificación y el etiquetado de los productos fitosanitarios de acuerdo a los resultados de diversos estudios toxicológicos siguiendo los criterios internacionales de la OMS. Esta clasificación fue aprobada por la 28.ª Asamblea Mundial de la Salud en 1975.[21]

Asimismo, divide a los productos en cinco categorías:

Ia   Extremadamente peligroso (rojo)
Ib   Altamente peligroso (rojo)
II   Moderadamente peligroso (amarillo)

---

20   Servicio Nacional de Sanidad y Calidad Agroalimentaria.
21   https://www.who.int/es/publications/i/item/9789240005662.

III   Ligeramente peligroso (azul)
IV   Productos que normalmente no presentan peligro (verde)

Esta es la identificación —con su banda de color— que los usuarios pueden encontrar en las etiquetas y representa la toxicidad aguda (a corto plazo) para los mamíferos, no así para el ambiente. Su principal objetivo es proteger a los mamíferos —especialmente a los humanos— e indicar las precauciones al momento de manipularlos. Por ello es necesario destacar que, cuando decimos que un agroquímico es banda roja o "extremadamente peligroso", solo estamos evaluando un aspecto de su peligrosidad: la que nos afecta a los humanos (o a nuestros familiares más cercanos, los mamíferos). No nos estamos refiriendo a ninguna implicancia con relación a su impacto en el ambiente.[22]

2. Impacto ambiental

A esta altura del libro no debería sorprendernos que recién en 1992 la Universidad Cornell desarrolló un coeficiente (EIQ[23] por sus siglas en inglés: *environmental impact quotient*) que, a través de un valor numérico y adimensional, nos permite evaluar el impacto ambiental de los plaguicidas.

El EIQ tiene en cuenta tres componentes principales del sistema productivo: el trabajador agropecuario, el consumidor y el ecológico. El componente "trabajador agropecuario" contempla los riesgos del aplicador y del cosechador; el

---

22   https://www.casafe.org/toxicidad-de-los-productos-fitosanitarios/.
23   https://cals.cornell.edu/new-york-state-integrated-pest-management/risk-assessment/eiq/eiq-calculator.

"consumidor" contempla el potencial de exposición del consumidor al fitosanitario y, además, tiene en cuenta la probabilidad de que los productos se lixivien en profundidad, y el componente "ecológico" considera el impacto ambiental en los sistemas acuáticos y terrestres.

Para evaluar el posible impacto ambiental de un programa de aplicación de fitosanitarios, se utiliza el EIQ de campo, el cual se calcula teniendo en cuenta el EIQ de cada producto fitosanitario, la concentración del principio activo y la dosis utilizada. A menor EIQ, menor impacto ambiental.

Como el lector puede suponer, calcular el EIQ no es tarea sencilla para un productor agropecuario. He aquí donde la tecnología digital permite una contribución significativa para democratizar y popularizar el uso de estas herramientas. Algunas plataformas digitales, cada vez más utilizadas por los productores agropecuarios —como el caso de SIMA—, ya ofrecen aplicaciones que permiten hacer este cálculo con solo apretar un botón. De esta manera, los productores pueden comprobar y monitorear el impacto ambiental de todos los plaguicidas usados para producir un determinado cultivo. A partir de ese primer resultado, comienza un camino virtuoso al reemplazar productos o al reducir la dosis con el propósito de reducir este indicador ambiental. Cada vez es más habitual tener en cuenta el EIQ al momento de discutir el uso de diferentes soluciones tecnológicas en los foros de asesores agronómicos.

3. Huella de carbono

Es un indicador ambiental que pretende reflejar "la totalidad de gases de efecto invernadero (GEI) emitidos por efecto directo o indirecto de un individuo, organización, evento o producto". La huella de carbono se mide en masa de CO_2 equivalente y su cálculo tampoco es tarea sencilla.

En el año 2020, tuve la oportunidad de protagonizar el lanzamiento de la primera calculadora de huella de carbono agrícola. Esta novedosa herramienta, desarrollada por María Inés di Napoli, CEO y fundadora de la *start-up* marplatense Plataforma Puma y un equipo de técnicos notables, dentro de los que se destacan Sebastián Galbusera y Gabriel Vázquez Amabile, ha permitido que cada vez más productores argentinos tengan la posibilidad de medir la huella de carbono de su actividad. Para hacerlo, solo es necesario georreferenciar el lote en cuestión y cargar en la plataforma cada uno de los insumos utilizados en su producción y las labores realizadas en el mismo: la suma de la huella de carbono de cada uno de los insumos y de todas las labores realizadas para ese lote en particular, para un rendimiento determinado, es la huella de carbono de dicha actividad.

Gracias a la disponibilidad de estas novedosas herramientas digitales, será cada vez más frecuente que los productores agropecuarios —a la hora de analizar un negocio— incorporen a su tradicional análisis económico (por ejemplo, margen bruto) y financiero (por ejemplo, ROI) métricas vinculadas al impacto ambiental como el EIQ y la huella de carbono. En la misma línea, también será cada vez más frecuente que, a la hora de elegir sus insumos, tengan en consideración no solo su potencial de rendimiento, su precio y su financiación, sino también su impacto ambiental. Finalmente, serán cada vez más frecuentes los mecanismos de incentivos o penalidades por parte de los compradores y los gobiernos. A lo largo del libro, seguiremos desarrollando estos conceptos.

No hay cambio de comportamiento si no hay manera de medirlo; Peter Drucker decía "lo que no se mide, no se controla, y lo que no se controla, no se puede mejorar". Durante mucho —muchísimo— tiempo, la única variable importante para un productor agropecuario eran los kilos producidos. Con la llegada de la Revolución verde y de una oferta cada vez más amplia de soluciones tecnológicas, se hizo imprescindible comenzar a prestar mucha más atención al costo del kilo producido. Llegamos así al reinado del "margen bruto", que es —hoy en día— la métrica por excelencia que rige todas las decisiones productivas. Pues bien, los nuevos desafíos que nos exige una agricultura regenerativa nos imponen nuevas métricas: llegó la hora de prepararnos para el mundo de las métricas ambientales.

b. El problema de los envases

El mercado de fitosanitarios representa en la Argentina un negocio de unos tres mil millones de dólares anuales en valor y un volumen aproximado de trescientos millones de litros/kilos anuales.[24] Sin embargo, uno de los aspectos menos visibles de este negocio está en los envases: todos los años se vuelcan al ambiente veinte millones de envases, lo que representa un volumen anual de dieciséis mil toneladas de plástico —de un plástico, no olvidemos, que ha contenido químicos peligrosos para los humanos y para el ambiente—. Para todos aquellos que amamos el paisaje del campo, hay pocas imágenes más desagradables que encontrarnos con estas montañas de bidones vacíos amontonados junto a los molinos; si queremos reducir el impacto ambiental de los fitosanitarios, no podemos dejar de lado a los envases.

Recién en 2016 se sancionó la Ley 27.279 de gestión de los envases vacíos de fitosanitarios, reglamentada dos años después, la cual establece requisitos mínimos de protección ambiental para el transporte, el almacenamiento, la recuperación y el reciclado de estos envases. A consecuencia de esta ley, en 2018, las principales compañías fabricantes y comercializadoras de agroquímicos crearon Campo Limpio, una fundación que coordina un programa de recuperación y gestión responsable de los envases con eje en la sostenibilidad y en la economía circular. Esta iniciativa involucra a ciento

---

24 Fuente, CASAFE.

ocho empresas de agroquímicos, agrupadas tanto en CASAFE[25] como en CIAFA[26], las dos principales cámaras del sector, que representan el 95 % del mercado. A mayo de 2023, han recuperado ocho mil toneladas de plástico[27] y, si bien los números muestran un sostenido crecimiento año a año, el porcentaje de recuperación todavía es menor del 15 % de los bidones que se venden anualmente.

Este gran esfuerzo no es la solución definitiva. Aún es llamativa la poca atención que se le ha prestado al desarrollo de soluciones más sostenibles, como el manejo a granel, una práctica muy extendida en otros países; por ejemplo, en los Estados Unidos, donde —tal como sucede con la venta de combustibles en todo el mundo— los productos se expenden por medio de surtidores. En la Argentina, dicha práctica no se encuentra permitida, aunque recientemente el SENASA se ha mostrado abierto a discutir el tema; su mayor preocupación se encuentra en el control sobre la integridad física de los tanques y de las bocas de expendio, así como en asegurar la trazabilidad del producto.[28]

Además de reducir significativamente el uso de bidones, el manejo a granel de los fitosanitarios tiene claras ventajas, tales como mayor seguridad para los operarios, dosis justas, trazabilidad, etcétera. Terminar con los bidones de fitosanitarios —o al menos reducirlos significativamente— debería ser una de las prioridades de la industria de fitosanitarios, sobre todo, teniendo en cuenta que tan solo dos productos

---

25 Cámara de Sanidad Agropecuaria y Fertilizantes.
26 Cámara de la Industria Argentina de Fertilizantes y Agroquímicos.
27 https://www.campolimpio.org.ar/.
28 Tesis de Posgrado ITBA, 2018 D. Kavanas //efaidnbmnnnibpcajpcgl-clefindmkaj/https://ri.itba.edu.ar/server/api/core/bitstreams/a410f286-d7c0-4515-bbac-572ea72b028f/content.

—el glifosato y el 2,4D— concentran el 55 % del plástico desperdiciado. Recién en el año 2020, la empresa YPF Agro presentó un proyecto de manejo a granel (bajo la marca Sistema Integra) y, desde entonces, está impulsando esta iniciativa —de manera, podríamos agregar, algo cautelosa—.[29]

Además de permitir enormes ahorros en el uso de envases plásticos (con el consiguiente beneficio para el ambiente) resulta crítico evitar la reutilización de tales bidones para su uso como recipientes de agua potable para la gente —algo gravísimo y frecuente—.

Como anticipamos y enfatizamos, el uso de agroquímicos es una de las prácticas que la sociedad más cuestiona de nuestra actividad. Solucionar el tema de los envases es una de las respuestas más accesibles con que contamos y no debe esperar. No requiere de nuevas tecnologías, solo depende de nosotros.

---

29 https://ypfagro.com.ar/blog/ypf-agro-presenta-su-sistema-integra.

c. Soluciones biológicas

Dejemos ahora de lado los bidones y pongamos el foco en entender el funcionamiento de los fitosanitarios. Un principio activo (p. a.) —también llamado ingrediente activo, sustancia activa o componente activo— es la parte de un agroquímico que posee actividad biológica —en otras palabras, el compuesto funcional protagónico, el que sirve para controlar la plaga en cuestión—.

Como vimos anteriormente, la química ha sido —históricamente— fuente de muchos de los p. a. más populares para los agricultores; sin embargo, la naturaleza nos ofrece una alternativa diferente: principios activos de origen biológico que provienen —en su mayor parte— de los microorganismos. Entre otras ventajas, los productos biológicos no dejan residuos y no requieren de un plazo de seguridad. Esto ofrece a los productores más flexibilidad al momento de decidir el mejor momento para cosechar. Además, las plagas no desarrollan resistencia a los productos biológicos.

Vayamos algo atrás en la historia: como tal vez no muchos saben, el hombre supo utilizar los microorganismos a su favor mucho antes de saber de su existencia. Con su ayuda, los antiguos egipcios descubrieron el pan y los primeros habitantes de la Mesopotamia conocieron la cerveza. Unos años más tarde, un fraile benedictino descubrió el método "champenoise", también gracias a la colaboración de nuestros diminutos amigos.

Tuvimos que esperar a que Anton van Leeuwenhoek inventara el microscopio en 1676 para verlos y fue recién a finales del siglo XIX, gracias a las investigaciones de Ferdinand Cohn, Louis Pasteur y Robert Koch, que pudimos comenzar a entenderlos. No obstante, a pesar de estos avances y de ser aprovechados por los agricultores desde hace muchísimos años, apenas el 5 % de los insumos utilizados por los productores agrícolas en la actualidad tiene ese origen.

Pero esta situación está cambiando rápidamente: un estudio reciente de la empresa de investigación de mercado Dunham Trimmer informa que la tasa de crecimiento anual de los productos biológicos alcanza el 13 % (frente a un crecimiento prácticamente nulo de los p. a. de origen químico) y estima que el mercado de productos biológicos alcanzará los trece mil millones de dólares para 2030. Aunque América del Norte sigue siendo la principal región, América Latina está ganando territorio rápidamente, empujada principalmente por Brasil, que se ha convertido en el primer país del mundo en utilizar pesticidas biológicos en cultivos extensivos a gran escala.

La revolución digital en la agricultura tiene una gran responsabilidad en este crecimiento; a continuación, desarrollaremos algunos de los motivos que lo explican.

1. La tecnología digital ha permitido mejorar significativamente la velocidad y la precisión del análisis de ADN, al tiempo que ha ayudado a reducir los costos de manera exponencial. Gracias a esto, las bases de datos de microorganismos identificados por las distintas empresas de investigación y desarrollo crecen cada día (Indigo Ag, por ejemplo, se jacta de tener una base de datos con más de setenta mil subespecies de microbios). Una vez que

estos pequeños son identificados con nombre y apellido, somos capaces de conocer sus características y propiedades. Gracias a ello, el período de desarrollo comercial de un producto biológico se ha reducido, en promedio, a tres años (mientras que el tiempo de desarrollo de una molécula química nunca es inferior a diez años). Esta es precisamente la razón detrás de la aparición de *start-ups* como Elytron Biotech, focalizada en la identificación y desarrollo de insecticidas biológicos. Fundada en diciembre de 2020 tras recibir una inversión de la aceleradora GridX, inició sus operaciones en febrero de 2021 en plena pandemia. Ya en el año 2023, recibió una nueva ronda de inversión de la mano de empresas claves del sector como Lartirigoyen, y estiman que su primer producto estará disponible en el mercado en el 2025.

2. En segundo lugar, la tecnología digital está ayudando a aumentar la confianza de los agricultores en los productos biológicos. Veamos por ejemplo el caso del estrés en las plantas, una situación harto habitual de los cultivos que solo se expresa con pequeños cambios en las tonalidades de verde de un cultivo. Hoy sabemos que la pulverización de ciertos productos biológicos contribuyen a mitigar el efecto del estrés en las plantas, pero solo lo pudimos comprobar a partir de la disponibilidad de los sensores provistos por la tecnología digital.

3. A diferencia de los químicos, los productos biológicos son muy específicos, lo que equivale a decir que una solución solo es efectiva frente a una determinada combinación de situaciones: plaga, suelo, condiciones climáticas, etcétera. Esta especificidad hace que los productores, muchas ve-

ces, prefieran no complicarse y optar por soluciones más generalistas. Frente a esto, la utilización de la Inteligencia Artificial (IA) nos permite desarrollar algoritmos capaces de predecir resultados para conocer cuándo —y en qué condiciones— un producto biológico va a ser más efectivo y su resultado, más contundente.

4. Las soluciones de captura de información a campo a partir de satélites, drones o *rovers* —hoy práctica habitual en todas las empresas de investigación de primera línea— y la capacidad de procesamiento de dicha información nos permiten obtener información georeferenciada literalmente impensada apenas pocos años atrás.

5. Finalmente, las herramientas digitales permitirán que los consumidores puedan garantizar la trazabilidad de todo el proceso "de la granja a la mesa". Cuando los consumidores tengan la posibilidad de asegurar su origen, no tengo dudas de que los productos producidos utilizando insumos biológicos estarán entre sus preferidos.

Los microbios han sido nuestros valiosos compañeros desde que aprendimos a cultivar la tierra y fueron actores fundamentales en nuestra capacidad para desarrollar alimentos. La revolución digital nos permitirá aprovechar mucho más de nuestros amigos y, entre los múltiples beneficios de esta renovada asociación —que seguiremos desarrollando en este libro—, estará la de permitirnos utilizar muchos menos agroquímicos.

d. Formulaciones más sostenibles

Una vez que los científicos logran demostrar la eficacia de cierto principio activo, aún queda por resolver un aspecto clave para asegurar su efectividad: prepararlo para que pueda ser manipulado, transportado y utilizado de una manera segura. A este proceso se lo conoce como "formulación" y consiste en combinar el p. a. con otros materiales que faciliten su aplicación, que denominaremos "aditivos". Si bien se podría pensar que estos aditivos son puramente actores de reparto, representan un volumen sustancial del producto y desempeñan un papel fundamental para asegurar su efectividad —de manera similar a la función de la tónica en el *gin-tonic,* si me permiten la comparación—.

Asimismo, hay otro aspecto poco difundido de los fitosanitarios: la gran mayoría de estos aditivos son derivados del petróleo y —en algunos casos— pueden llegar a ser más nocivos para el ambiente que algunos p. a. Y acá entramos en otra de las áreas donde las nuevas tecnologías pueden ayudar a reducir notablemente el impacto ambiental de los fitosanitarios.

En *La revolución digital del agro* ya anticipamos la potencialidad de la nanotecnología en la formulación de agroquímicos. En esta oportunidad, me parece pertinente ampliar el caso de Surcos, una empresa argentina oriunda de Santa Fe que, desde hace quince años, se ha focalizado en el desarrollo y el uso de la nanotecnología en la formulación de nuevos fitosanitarios. La nanotecnología es una tecnología que minimiza el uso de aditivos derivados del petróleo y los reemplaza por aceites vegetales, mejora la eficiencia de los ingredientes activos desde la fórmula (no por dosis) y mejora la compatibilidad de las mezclas de los distintos productos en el tanque de la pulverizadora. Con su primer producto "nanotizado" (el popular herbicida 2,4D), Surcos ha logrado reducir el impacto ambiental de las aplicaciones (medido como EIQ, el cual mencionamos anteriormente) en un 20 %. El éxito y la aceptación de este producto ha sido tan contundente que un tercio del 2,4D que se comercializa en el mercado argentino se formula utilizando esta innovación.

Una importante restricción para la expansión de la nanotecnología es que, por ahora, los polímeros utilizados para la preparación de las nanopartículas son también, como en el resto de las formulaciones tradicionales, productos derivados del petróleo. La utilización de polímeros biológicos —o biopolímeros— amplía aún más el potencial de esta tecnología. Dentro de esta categoría, una de las alternativas más promisorias son los quitosanos. Estos polímeros naturales biocompatibles y biodegradables se obtienen a partir de la quitina, una sustancia que se encuentra en el exoesqueleto de los crustáceos (gambas, cangrejos, langostinos…), y resulta de gran potencialidad para aplicaciones agrícolas dadas sus excelentes propiedades biológicas.

Claudia Casalongué es una investigadora marplatense que hace más de diez años estudia estos biopolímeros junto con el equipo de científicas del CONICET integrado por Vera Álvarez, Daniela Caprile y Florencia Salcedo. En el año 2022, se sumó al equipo el emprendedor Matías Figliozzi para crear Unibaio y recibieron una importante apoyo del fondo de inversión SF500, una alianza entre la provincia de Santa Fe y Bioceres (la compañía de biotecnología agrícola

Argentina) que busca apoyar a científicos emprendedores y a proyectos basados en ciencias de la vida.

A partir del biopolímero de quitosano, el equipo de Unibaio ha creado un particular formulación que —además del efecto beneficioso de la nanoencapsulación— permite una aumento de la permeabilidad de las paredes celulares de las plantas. A partir de los auspiciosos resultados logrados, están convencidos de que pueden reducir hasta un 80 % la necesidad de p. a. en gran parte de las fórmulas de agroquímicos.

Este proyecto tiene —además— una fuerte componente ambiental: la industria pesquera argentina, por su parte, desperdicia cincuenta mil toneladas de cáscaras de crustáceos todos los años, lo que representa una serie de problemas de disposición ambiental para todas las comunidades vinculadas. La tecnología de Unibaio podría convertir este residuo en fitosanitarios más efectivos y amigables con el ambiente.

Reducir el uso y la dependencia de los agroquímicos es —sin lugar a dudas— uno de los mayores desafíos que tenemos por delante; para hacerlo, tenemos que prestar atención a todas y cada una de las partes del problema.

Como veremos muchas veces a partir de aquí, la solución del problema la encontramos cuando prestamos atención a todos los protagonistas, y no exclusivamente al principal sospechoso. Para hacer el mejor *gin-tonic*, también tenemos que fijarnos en la tónica.

e. Pulverizaciones inteligentes

Hasta aquí hemos hablado de los p. a. y de los aditivos y de cómo las nuevas tecnologías podrán ayudarnos a crear fitosanitarios con mucho menor impacto ambiental. Sin embargo, es necesario reconocer que su aplicación es una actividad particularmente ineficiente; por ello, además de invertir en el desarrollo de productos más seguros, debemos mejorar significativamente la tecnología de aplicación —sí, siempre parece que nos está faltando un paso—.

Como también hemos anticipado en *La revolución digital del agro*, debemos asumir, con enorme pudor, que, de la totalidad de los químicos que aplicamos, solo una pequeña proporción alcanza sus objetivos. En el caso de los pesticidas, por ejemplo, menos del 0,1 % de los productos aplicados para el control de plagas llega a sus plagas objetivo. En otras palabras, más del 99,9 % de los pesticidas utilizados pasan exclusivamente al ambiente, donde afectan negativamente a la salud pública y a la biota beneficiosa y contaminan el suelo, el agua y la atmósfera del ecosistema.[30] Cuando el objetivo es controlar malezas u hongos, los índices son algo mejores.

¿Cuál es la razón detrás de esta ineficiencia? Las pulverizadoras agrícolas han sido diseñadas para distribuir un volumen homogéneo y constante sobre una superficie determinada, mientras que, en la realidad, la distribución de las

---

30 https://r.jordan.im/download/environmentalism/pimentel1995.pdf.

malezas o plagas nunca es homogénea. Por ello, necesariamente habrá sectores que recibirán dosificación en exceso y, otros, una dosis insuficiente. Para solucionar esta limitación, necesitamos pulverizadoras "inteligentes" que puedan decidir dónde y cómo aplicar el producto.

El primer paso hacia el desarrollo de este tipo de pulverizadoras fue el uso de sensores capaces de reconocer las malezas (verdes) del suelo (marrón). Donde hay malezas se pulveriza, donde hay suelo, no. Hoy ya existe en el mercado una interesante oferta de accesorios provenientes de los Estados Unidos como Weed-It y WeedSeeker que funcionan con esa tecnología y son capaces de acoplarse a cualquier pulverizadora y convertirla en un equipo inteligente. No obstante, la "inteligencia" de estos equipos es limitada y no les permite reconocer a una maleza verde de un cultivo también verde.

Frente a este escenario, los emprendedores argentinos de DeepAgro están desarrollando una innovación superadora reemplazando sensores por cámaras de fotos y un *software* con IA. Gracias a la tecnología de reconocimiento digital —la misma que en las redes sociales nos invita a etiquetarnos y reconocernos—, podemos identificar cada una de las diferentes malezas y diferenciarlas del cultivo. Con esta información, es posible pulverizar solo donde se encuentran las plagas, lo que a fin de cuentas reduce costos y minimiza significativamente el impacto sobre el ambiente. Ver trabajar a estos equipos circulando a alta velocidad por los lotes agrícolas con los aspersores abriéndose y cerrándose en la medida que las cámaras identifican las malezas con asombrosa precisión es una imagen propia de un videojuego.[31] Focalizados —por

---

31 Recomiendo visitar https://www.youtube.com/watch?v=TxADamBotFg.

ahora— en el control de malezas, estos equipos prometen reducir el uso de herbicidas en hasta un 90 %.

Y esto es solo el comienzo. Imaginemos ahora una aplicación que tenga la capacidad de "recordar" dónde estaban ubicadas todas y cada una de las distintas malezas de nuestro lote. A partir de allí, merced a un mecanismo de *machine learning,* el sistema podrá predecir y anticipar qué malezas volverán a aparecer el año próximo y sugerir el cóctel de herbicidas más conveniente para aplicar a fin de evitar (o minimizar) el desarrollo de una resistencia. Este es precisamente el sueño de DeepAgro, que planea utilizar como materia prima la información obtenida a partir de las pulverizaciones inteligentes —la cual ya está recabando—. A fines del 2023, cerraron una ronda de financiación de dos millones de dólares con la intención de poner pie en el enorme mercado brasilero.

La adopción de esta tecnología ha sido particularmente notable en algunos lugares como el NEA, por ejemplo. La combinación entre grandes superficies a controlar y productores altamente tecnificados ha determinado que —según estimaciones no oficiales— el 50 % de las aplicaciones de glifosato en los barbechos se lleven a cabo de esta manera, lo que es una excelente noticia. El desarrollo de sistemas de aplicación inteligentes es una de las oportunidades más significativas y de más rápida penetración en nuestro camino hacia una agricultura con menos fitosanitarios, un camino tan necesario como posible.

f. Acerca de los insectos

La escena aparece en decenas de películas: una población hambrienta, en un paraje inhóspito, tras mucho esfuerzo, ve crecer con devoción sus cultivos, promesa de subsistencia y prosperidad. Todo es alegría hasta que, sin saber cómo ni desde dónde, una horda de insectos arrasa con cultivos, sueños y esperanzas.

La escena es desesperante, pero no por ello menos verosímil ni, mucho menos, cercana: pocos momentos son tan angustiantes para un productor agropecuario como sufrir el ataque de una plaga de insectos y observar cómo todo el esfuerzo de meses desaparece en cuestión de minutos a manos de estos pequeños. Su voracidad e insaciabilidad les ha servido para ganarse el indiscutido lugar del enemigo más temido, y encontrar una solución para defenderse de ellos ha sido motivo de constante desvelo desde los albores de la agricultura.

Ya en el antiguo Egipto, donde protagonizaron una de las famosas plagas bíblicas, los embalsamadores lograban alejar las moscas de las momias gracias a una combinación de ceniza con grasa de cerdo. Tiempo después, Homero describe cómo Odiseo "fumigó el salón, la casa y la corte con azufre encendido para controlar las plagas". De manera similar, en la antigua China se utilizaban como insecticidas las flores de piretro o pelitre de Dalmacia (*Tanacetum cinerariifolium*), las cuales fueron posteriormente introducidas por los persas en Europa en forma de hoja deshidratada y seca —los comerciantes armenios las ofrecían como "polvo persa" o "polvo de insecto"—. La piretrina, el compuesto activo de aquellas flores, se sigue usando en la actualidad.

Cicuta, acónito, eléboro, arsénico, tabaco, mercurio... La lista es interminable, como el problema que la promueve. Tal es así que uno de los más famosos alquimistas de la historia, Parecelso, se dedicó a la materia en tal medida que fue considerado "el padre de la toxicología moderna", y nos dejó una frase que condensa en buena medida la batalla que seguimos librando: "La dosis correcta diferencia el veneno del remedio".

Pero todo cambió con la llegada del dicloro difenil tricloroetano —más conocido como DDT—. Si bien había sido descubierto por el químico austríaco Othmar Zeidler en 1874, fue su colega suizo Paul Hermann Müller quién lo utilizó como una herramienta altamente eficaz para el control de los insectos vectores de la malaria, la fiebre amarilla y el tifus, entre muchas otras infecciones con altos niveles de mortalidad. Su descubrimiento no solo lo hizo merecedor en 1948 del Premio Nobel de Fisiología o Medicina, nada menos, sino que fue un éxito rotundo para su empleador, la compañía J. R. Geigy AG de Basilea, antepasado de la actual Syngenta.

Debimos esperar hasta la llegada de Rachel Carson para que nos golpeara el desencanto: este tan efectivo producto, que había sido introducido para reemplazar los compuestos a base de plomo y arsénico, de uso generalizado a principios de la década del cuarenta y cuya letalidad superaba la de cualquier práctica previamente utilizada, causaba estragos, en la dinámica de la población de las aves, cuyos huevos, denunciaba Carson, comenzaban a ofrecer cáscaras muy finas donde era utilizado. A partir de allí, la historia de los insecticidas químicos ha sido la de una continua renovación donde una nueva familia química —con menor impacto ambiental— reemplaza a la antecesora: los organoclorados (como el DDT) fueron prohibidos y reemplazados por los organofosforados, que luego fueron prohibidos y reemplazados por los carbamatos, y lo mismo sucedió sucesivamente con los piretroides, los neonicotinoides y, recientemente, con los rianoides. Para tener una idea de lo que ello significa, pongámoslo en estos términos: evolucionamos de un DDT de alta toxicidad y alta persistencia que usábamos en términos de kilos por hectárea a productos de última generación de baja toxicidad, baja cantidad de residuos y donde solo utilizamos gramos por hectárea. Un trabajo muy completo de Fernando Andrade y Miguel Taboada[32] pone de manifiesto que, en 1985, el 20 % de los insecticidas utilizados en Argentina eran "banda roja" —como vimos antes, la categoría más peligrosa desde el punto de vista toxicológico—, mientras que no se utilizaban, prácticamente, productos "banda verde". En el año 2013, esta categoría subió al 65 % del uso, mientras que los productos banda roja se redujeron al 5 %.

No obstante estos progresos, en la medida en que nuestro conocimiento sobre las complejas interacciones en los ecosistemas aumenta y logramos entender mejor su impacto en el ambiente, nos vamos acercando a la conclusión de que no existe un insecticida inofensivo. Y es por esta razón que se hace evidente la necesidad de encarar nuestra estrategia de control de plagas desde una mirada holística; finalmente,

---

32 https://www.researchgate.net/publication/322083906_Los_desafios_de_la_agricultura_argentina_satisfacer_las_futuras_demandas_y_reducir_el_impacto_ambiental.

además de buscar insecticidas menos peligrosos, debemos focalizarnos en reducir nuestra dependencia de ellos.

Esta es, precisamente, la filosofía detrás del Manejo Integrado de Plagas (MIP), un método ecológico que aspira a minimizar el uso de plaguicidas mediante una estrategia que se vale de gran variedad de métodos complementarios, tanto físicos como mecánicos, químicos, biológicos, genéticos, legales y hasta culturales. Los entomólogos Perry Adkisson y Ray F. Smith, sus creadores, recibieron el premio World Food Prize en 1997 por su trabajo de difusión y liderazgo con esta metodología.

El MIP se basa esencialmente en comprender la dinámica de las poblaciones de insectos: existe una delgada línea roja que determina cuándo una población de insectos es peligrosa para un cultivo y cuándo no lo es, y —en consecuencia— cuándo es necesario utilizar algún insecticida para su control. Para ello, se vale del concepto de "umbral económico de daño", el cual determina la densidad de la plaga y considera los daños que esta ocasiona a fin de determinar si estos son superiores al coste de las medidas de control que los evitaría. Para poder hacerlo de la manera más objetiva posible, es imprescindible realizar un monitoreo constante de los cultivos que permita determinar el momento en que la densidad de la plaga alcanza cierto nivel, lo que significa recorrer los cultivos con frecuencia mientras —literalmente— se cuentan insectos peligrosos hasta que su cantidad alcanza el temido umbral y la aplicación de un insecticida se torna imprescindible para no poner en riesgo la cosecha. Tal como el lector puede imaginar, pocos trabajos menos gratificantes que llevar a cabo esta minuciosa tarea en los calurosos meses de verano sin más protección que un buen sombrero. La natural tentación se encuentra en evitar ser tan preciso y, finalmente, caer en la dinámica —tristemente frecuente— de "mato primero y cuento después".

Y aquí también la digitalización nos ofrece novedosas herramientas para hacer más eficiente, precisa y —sobre todo— confortable esta tarea. Esta es la solución que ofrece la plataforma digital Arc+ desarrollada por FMC, una corporación norteamericana líder en el desarrollo de insecticidas sintéticos. La fuente de información de Arc+ se encuentra en una red de puntos de observación donde se instalan "trampas" automáticas digitales (producidas por CropVue, una empresa canadiense). Estos dispositivos, gracias a sofisticadas tecnologías de reconocimiento digital —similares a las que mencionamos anteriormente para el caso de DeepAgro—, identifican y distinguen la presencia y abundancia de especies peligrosas para indicarnos cuándo es el momento oportuno para aplicar el insecticida, información que podemos recibir *online* desde el confort de nuestra oficina con aire acondicionado —siempre y cuando tengamos conectividad, por supuesto—. El monitoreo automático de las plagas nos permite una utilización más precisa y oportuna de los insecticidas y, por ende, una reducción en su uso. Tal vez muchos se preguntarán por qué una de las empresas líderes en la producción y desarrollo de insecticidas invierte en desarrollar tecnologías para reducir su aplicación. La razón seguramente se encuentre en aquella célebre frase de Steve Jobs: "Si te van a canibalizar, es mejor que seas tú mismo".

Una variante novedosa y creativa en esta lucha se basa en intentar confundirlos en lugar de —simplemente— eliminarlos. Ese es el concepto detrás del uso de las feromonas —sustancias químicas secretadas por los seres vivos— con el fin de provocar comportamientos específicos —habitualmente vinculados con la actividad sexual— en otros individuos de la misma especie; en otras palabras, la idea sería ofrecerles actividades más interesantes que alimentarse de nuestros cultivos. El uso de estas herramientas de "confusión" es cada vez más común en la protección de cultivos de alto valor.

En este sentido, es importante destacar que el MIP pone especial énfasis en señalar que los insectos son virtuales para la supervivencia humana: alrededor del 72 % de los cultivos del mundo dependen de los insectos para su polinización —esencialmente, las abejas— y los servicios de polinización contribuyen con un 9,5 % al rendimiento de la producción agrícola, nada menos.[33]

Dicho esto, es importante también dejar en claro que apenas una pequeña proporción de los insectos son perjudiciales para nuestras cosechas y que, a fin de cuentas, millones de insectos benéficos pagan las consecuencias del uso masivo y desproporcionado de los insecticidas.

Y finalmente llegamos a las abejas, tal vez el más emblemático de los insectos, especialmente en materia agrícola. Si bien nadie en la historia —salvo algún despistado en una pileta en verano— ha pretendido combatir las abejas, no deja de ser cierto que su población se ha visto afectada en forma severa por el cambio climático, los monocultivos y el uso indiscriminado de los insecticidas —entre las causas principales que denuncia la FAO, que ha hecho un llamamiento a los gobiernos de todo el mundo para que trabajen con el fin de terminar con este flagelo de consecuencias verdaderamente catastróficas para toda la humanidad—. Como si fuera poco, recientemente la ciencia ha comproba-

---

33 https://www.scirp.org/journal/paperinformation.aspx?paperid=83726.

do que incluso dosis subletales pueden afectar su comportamiento, lo que tiene un impacto directo en su actividad polinizadora y, por ende, en el rendimiento de los cultivos. Estos insectos, imprescindibles para nuestra subsistencia, son a la vez pilares de una agricultura regenerativa.

Vamos a terminar este capítulo con dos casos muy destacables en esta batalla contra nuestra autodestrucción. Comencemos por la *start-up* argentina Beeflow, que alimenta, entrena y capacita a las abejas para ofrecer servicios de polinización "premium" que aumentan los rinde de los cultivos hasta en un 60 % utilizando algoritmos desarrollados a partir de IA. Nacida en el 2016 —el mismo año de salida del brillante capítulo "Odio nacional", de *Black Mirror*, una mera casualidad— con el propósito de "salvar las abejas", tuvo desde su nacimiento un impacto tal que la llevó a mudarse a Los Ángeles apenas dos años después y a firmar contratos de cooperación con la principal empresa de producción de *berries* del mundo por sus servicios de abejas "entrenadas". En el año 2021, completó una serie A de 8,3 millones de dólares de la mano de algunas de las aceleradoras más prestigiosas del ecosistema.

Asimismo, Eiru —que significa "abeja" en guaraní— también utiliza IA para optimizar la polinización en la producción de alimentos. Fundado por la Mg. Fernanda Santibáñez y por el Dr. Lucas Garibaldi, destacado director del IRNAD[34], recibió un importante apoyo del fondo de inversión SF500 en el año 2023.

---

34 Instituto de Investigaciones en Recursos Naturales, Agroecología y Desarrollo Rural dependiente del CONICET y de la Universidad Nacional de Río Negro.

Nuestra visión sobre los insectos ha evolucionado notablemente en la medida que la ciencia nos ha ayudado a entender mejor su rol y a comprobar la manera de producir en armonía con ellos. El uso inteligente de los insecticidas no solo reduce el impacto ambiental directo, sino que, además, evita el daño colateral que provocan en las comunidades de insectos benéficos. En la medida en que los humanos sigamos aprendiendo a compartir nuestro espacio con quienes nos precedieron, nuestras posibilidades de sobrevivir en este planeta serán cada vez más altas.

g. Basta de fumigarnos

Los agricultores sabemos que la aplicación de los fitosanitarios es uno de los momentos más importantes y sensibles de nuestra actividad —además de uno de nuestros costos más significativos—. Y sabemos también que las condiciones meteorológicas pueden afectar significativamente la pulverización y convertir dicha actividad agrícola en una amenaza para el ambiente y para la comunidad. En la medida que utilicemos toda la tecnología disponible, en que respetemos todos los protocolos de aplicación y en que cumplamos con todas las precauciones necesarias, estaremos disminuyendo el riesgo propio de esta actividad. La demanda "basta de fumigarnos", que escuchamos cada vez con más frecuencia en redes sociales, se explica —muchas veces— por malas pulverizaciones en donde, por ignorancia, desidia o falta de control, no se tomaron todas las precauciones necesarias.

Una demostración contundente del avance de la revolución digital consiste en comprobar que un gran porcentaje de la maquinaria que utilizamos dispone de herramientas de geolocalización satelital (más conocidas como GPS). Es más, me animo a afirmar que la totalidad de las nuevas cosechadoras, pulverizadoras y sembradoras vienen equipadas de fábrica con GPS, por lo que, si quisiéramos, podríamos tener un seguimiento preciso de la actividad de cada uno de estos equipos. No está lejana la fecha en que paneles de computadoras reemplacen los tradicionales negros pizarrones de las estancias y nos permitan observar la ubicación y la actividad de todos y cada uno de nuestros equipos en tiempo real. Un anticipo de ello se puede observar visitando las pantallas de los Centros de Soluciones Conectadas presentes en todos los concesionarios John Deere.

Para sorpresa de muchos de los lectores, las pulverizadoras más modernas vienen también equipadas con completas estaciones meteorológicas que nos permiten conocer con precisión las condiciones meteorológicas del momento exacto cuando se está llevando a cabo la pulverización. Ello nos permite tener información detallada no solo de dónde se está llevando a cabo la tarea, sino bajo qué condiciones ambientales, algo esencial al momento de realizar un trabajo que, bajo ciertas condiciones, podría mermar significativamente su efectividad.

Como si esto fuera poco, merced a la proverbial innovación argentina, la empresa santafesina Acronex ofrece un kit que integra la tecnología GPS, la estación meteorológica y, además, le suma IA. Este kit —que entra perfectamente en una caja de zapatos— tiene la capacidad de convertir cualquier pulverizadora —por vieja que ella sea— en una pulverizadora "inteligente" y nos permite —desde nuestro *smartphone*— monitorear su trabajo y llevar una bitácora de las aplicaciones y de las condiciones climáticas imperantes. El aporte de la IA es que —en caso de estar distraídos— nos alerta si el trabajo no se está haciendo bajo las condiciones correctas.

Ahora bien, para poder asegurar el control y el monitoreo de las pulverizaciones en tiempo real, es imprescindible disponer de conectividad. Algo que por obvio no deja de ser una enorme limitante, sobre todo en un país donde —según el INTA— el 40 % de los ambientes rurales no tiene acceso a internet. Alguien podrá argumentar que los *softwares* actuales poseen la capacidad de almacenar toda la información para utilizarla cuando la conectividad esté disponible. Sin embargo, de qué nos sirve comprobar —después de cenar— que nuestro contratista se mandó una macana a la mañana temprano, o que no se tuvieron en cuenta los vientos al momento de aplicar cierto producto. El daño está hecho, lamentablemente, y ya no lo podemos corregir.

Pero dejemos de lado por un momento la conectividad, un tema estratégico que retomaremos hacia el final del libro, para focalizarnos en un área donde nunca deberíamos aceptar el riesgo de una aplicación inadecuada. Estamos hablando de aquellos lotes cercanos a las localidades urbanas, también identificados como lotes periurbanos. Se estima que estos espacios representan una superficie de dos millones de hectáreas, cerca de un 5 % de la superficie agrícola del país, según datos oficiales.

Allí, todos los involucrados se sienten afectados. Los productores, porque temen potenciales demandas judiciales; los vecinos, porque desconocen qué y cómo se está pulverizando —y todos tememos a lo que desconocemos—, y los políticos, porque tienen que legislar y controlar y anticipan que será difícil lograr la satisfacción de todos. Con toda razón, la aplicación en áreas periurbanas constituye una de las áreas más sensibles para la opinión pública.

Afortunadamente, por su cercanía a las localidades, en estos casos la conectividad no es un problema. Ello ha permitido el desarrollo de herramientas de trazabilidad integrada que aseguran pulverizaciones seguras. Tal es el caso de AgroHub, creada por emprendedores del polo de innovación de Río Cuarto, que ofrece una plataforma de trazabilidad que integra, en una única aplicación, la emisión de la orden de trabajo, la confección de la receta agronómica, el monitoreo de la aplicación cada cinco minutos y hasta el envío de un informe detallado por email a la municipalidad en cuestión.

Resulta completamente razonable que nadie quiera exponerse a los productos fitosanitarios. Es nuestro deber, como productores responsables, asegurarnos de que ello suceda; hoy, gracias a la tecnología disponible, no tenemos excusas para poder llevar tranquilidad y seguridad a todos los que demandan "basta de fumigarnos".

h. Corolario

A lo largo de esta extensa sección, "El campo y los agroquímicos", hemos analizado en profundidad uno de los aspectos más cuestionados de la agricultura moderna: su marcada dependencia del uso de fitosanitarios. Confío en haber ofrecido caminos para ver cómo y de qué manera la revolución digital y las nuevas tecnologías nos ofrecen un verdadero arsenal de alternativas para reducir significativamente su uso y para reemplazarlos por productos más sostenibles.

Abandonar tradiciones nunca ha sido tarea fácil, pero, de la misma manera que fuimos capaces de desterrar al arado — aquel símbolo emblemático de la agricultura—, no tengo dudas de que estamos cada vez más cerca de una agricultura con muchísima menor dependencia de los fitosanitarios. Lograrlo solo se encuentra en nuestras manos.

2. El campo y los fertilizantes: ¿*Quo vadis*, nitrógeno?

Además de energía y CO_2, las plantas necesitan de agua y de nutrientes para producir biomasa. Mientras que la energía la obtienen del sol y el CO_2 del aire, los nutrientes los obtienen del suelo. En el capítulo "Hacia una agricultura regenerativa", explicamos la mineralización, el mecanismo que transforma la MO del suelo y la convierte en nutrientes para las plantas, de los cuales el nitrógeno (N) es el principal.

Ya los primeros agricultores no tardaron en comprobar que, al cabo de sucesivas cosechas, el suelo se agotaba, y descubrieron que se podía extender la capacidad productiva del suelo aportando nutrientes bajo la forma de abonos. Hasta fines del siglo XIX, las únicas fuentes de N disponibles para los agricultores eran de origen orgánico: el estiércol, el guano y los residuos de la industria pesquera eran algunos de los recursos más utilizados.

Sin embargo, la solución que buscaban estaba en el aire que respiramos: el N es el elemento más abundante de la atmósfera (78 % de la misma es N), pero el fortísimo triple enlace de la molécula (N≡N) lo hace sumamente estable y difícil de utilizar. Recién a principios del siglo XX, Fritz Haber y Carl Bosch, dos químicos alemanes, descubrieron la manera de romper aquel enlace y poder así aprovecharlo con el fin de producir amoníaco en un proceso conocido como Haber-Bosch, el cual requiere de altas condiciones de temperatura y presión.

Aquel descubrimiento —que les valió el premio Nobel en el 1918— dio comienzo a la era de los fertilizantes sintéticos. Su uso fue volviéndose más y más popular y, finalmente, al terminar la Primera Guerra Mundial, muchas de las fábricas de explosivos —por un tiempo felizmente ociosas— se reconvirtieron para producir fertilizantes, un paso fundamental para darle una gran expansión a esta creciente industria, hasta que llegó su consagración definitiva de la mano de la Revolución verde.

La agricultura moderna consume una enorme cantidad de fertilizantes sintéticos (ciento ochenta y cinco millones de toneladas), de los cuales el 60 % son a base de nitrógeno (N) —entre ellos, la urea es la fuente más utilizada—. Asimismo, la fertilización nitrogenada representa uno de los costos más significativos de la agricultura (en ciertos casos, supera el 50 % de los costos directos) y precisamente, a consecuencia de la gran cantidad de energía utilizada por el proceso de Haber-Bosch, es la principal responsable de su impacto ambiental medido como huella de carbono.

Por si fuera poco, en otra de las notables ineficiencias de la agricultura, es llamativo comprobar que el proceso de la fertilización nitrogenada sea tan ineficiente: según distintos expertos, solo el 50 % del producto aplicado es asimilado por el cultivo. A continuación, descubriremos por qué ello sucede y cómo, a medida que reduzcamos sus pérdidas, reduciremos significativamente el impacto ambiental de la agricultura.

Son muchos los mecanismos por los cuales podemos desaprovechar un fertilizante; comenzaremos por su volatilidad.

Tomemos el caso de la urea, la forma más habitual de fertilizante nitrogenado, la cual en contacto con la humedad del suelo —según ciertas condiciones de pH, capacidad de intercambio, porosidad, contenido de agua, entre otras— se transforma en un gas, el amoníaco, y ya en esta condición no puede ser aprovechada por las plantas. La manera para evitar esta pérdida es —sencillamente— enterrar la urea en el suelo, una tarea que —con la ayuda de la tecnología apropiada— se puede llevar a cabo al momento de la siembra. Llamativamente, por limitaciones tecnológicas, o sencillamente por ignorancia, son aún muchos los productores que distribuyen la urea al voleo directamente sobre la superficie del suelo.

Otra manera de desperdiciar el N de los fertilizantes es a consecuencia de la lluvia o del riego. Cuando el agua es excesiva, el N puede ser arrastrado y terminar en los cursos de agua (subterráneos o superficiales); como si esto fuera poco, además de perder un recurso clave, el exceso de N en los cursos de agua produce una proliferación descontrolada de algas provocando efectos adversos en la masa de agua, un proceso conocido como eutrofización.

Este fenómeno merece que nos detengamos un momento, ya que la eutrofización es en la actualidad una de las principales causas de contaminación de los lagos y embalses: en el año 2008, la mitad de los lagos del planeta estaban afectados por este problema[35], a tal punto que, para abordar esta problemática, más de treinta países con el apoyo del Programa de las Naciones Unidas para el ambiente (PNUMA) adoptaron en Sri Lanka el 24 de octubre de 2019 la De-

---

35 https://www.lescienze.it/news/2008/07/22/news/eutrofizzazione_dei_laghi_non_solo_azoto-578799/.

claración de Colombo, a través de la cual llaman al mundo a reducir a la mitad el desperdicio de nitrógeno para el año 2030. Los firmantes reconocieron la urgencia de abordar la gestión del nitrógeno para cumplir los objetivos de biodiversidad y disminuir las zonas eutróficas que afectan a las industrias pesqueras y turísticas.

Pero esto no termina aquí, el N que permanece en el suelo no aprovechado por las plantas puede ser degradado por los microbios del suelo liberando a la atmósfera óxido nitroso, también conocido como "el gas de la risa", en un proceso conocido como "desnitrificación". El óxido nitroso, uno de los GEI, tiene trescientas veces más capacidad para calentar la atmósfera que una molécula de CO_2 y persiste en la atmósfera por ciento catorce años. Los científicos del IPCC *(Intergovernmental Panel on Climate Change)* estiman que el óxido nitroso es responsable del 6 % de los GEI y agregan que —y aquí viene lo importante— tres cuartas partes de estas emisiones son responsabilidad del sector agropecuario.

Por todo lo arriba señalado, lograr un uso más eficiente de los fertilizantes nitrogenados es imperioso. A continuación, desarrollaremos cómo la digitalización del agro puede ayudar a hacer este proceso mucho más eficiente y, por ende, más sustentable.

El primer paso para diseñar una fertilización nitrogenada eficiente consiste en saber dónde estamos parados. Como primera medida, resulta necesario conocer cuánto N se encuentra disponible en el suelo para ser aprovechado por la plantas; para ello, se requiere de un muestreo previo —en otras palabras, tener idea de cuánto ya tenemos sin hacer nada para evitar hacer de más—. En la actualidad, este muestreo se realiza de manera manual y es un proceso particularmente tedioso y caro; quizás por ello no llama la atención que —a pesar de ser un requisito crítico—, según datos del MAGyP, apenas sea practicado por el 23 % de los productores en la Argentina. Otra vez, la tecnología digital nos permite simplificar y eficientizar este proceso. Empresas como EasyAgro o Glimax ofrecen equipos móviles que circulan sobre el terreno y que, mediante sofisticados sensores, permiten obtener hasta mil lecturas del suelo por hectárea (una lectura cada 10 m^2) —mientras que los muestreos manuales no exceden por lo general las cuatro muestras por hectárea—, además de medir compactación, humedad y micronutrientes —valores que la muestra manual no puede efectuar con la precisión conveniente—. Complementando esta información con otras herramientas digitales, como imágenes satelitales NDVI, podemos acceder a una calidad de información completamente desconocida hasta poco tiempo atrás. Cuanto más sepamos sobre nuestro suelo, más precisa y eficiente será nuestra fertilización.

Pero conocer es la primera parte del proceso. Necesitamos saber cuál es la cantidad de N necesario para realizar la fertilización, y este número es producto del resultado del balance entre el aporte del suelo y la demanda estimada del cultivo, cuyo déficit deberá ser cubierto por el aporte del fertilizante a aplicar. Este balance está impactado por múltiples factores: rendimientos esperados, disponibilidad de N y eficiencias de uso estimadas. Si tenemos en cuenta que estas variantes luego deberán ser atravesadas por cuestiones climáticas, podemos suponer que estos cálculos son complejos y difíciles de llevar a cabo. Frente a este escenario, ya hay varias empresas que ofrecen soluciones digitales que simplifican y hacen más eficiente esta tarea, como es el caso de la aplicación Triguero, desarrollada por AACREA, o el algoritmo N_INTA, producto de un convenio entre el INTA y la *start-up AgTech* Auravant. Asimismo, una propuesta ambiciosa es la de la plataforma Nutrixya, desarrollada por un joven equipo cordobés, que permite definir la dosis óptima de aplicación de N y muchos otros nutrientes en treinta y cuatro cultivos.

Una vez que hemos determinado la dosis de N a aplicar, llega el momento de distribuirlo. Como ya lo hemos visto con los fitosanitarios, gracias a la agricultura digital, hoy podemos establecer la dosis óptima para cada ambiente y disponemos de las herramientas para aplicarlo de manera precisa. En el futuro cercano, hasta incluso podremos ajustar la dosis por planta. En este sentido, debemos destacar el trabajo del INTA Manfredi, que en 1995 fue pionero en el uso de la agricultura por ambientes.

No obstante, a pesar de su sostenido crecimiento, las mejores estimaciones indican que apenas un 10 % de la superficie agrícola utiliza tecnologías de fertilización variable: aún tenemos mucho por crecer.

Además de las soluciones digitales, también existen productos químicos que inhiben las pérdidas por volatilización. A la fecha, sin embargo, su uso apenas alcanza un pequeño porcentaje de la superficie. Otra área de oportunidad y mejora: confiamos que en un próximo libro podamos contarles de estos avances.

Para terminar, vamos a explorar —una vez más— las oportunidades que nos ofrece la microbiología. En *La revolución digital del agro* desarrollamos cómo —mucho antes de conocer el rol de las bacterias— los agricultores sabían que incorporando leguminosas (una familia de plantas) en sus rotaciones lograban mejorar la fertilidad de los suelos. Tiempo después, la ciencia descubrió que la responsable de este fenómeno es un bacteria conocida como *Rhizobium*, una de las estrellas del firmamento microbiológico. Estas bacterias desarrollan acuerdos de cooperación con las leguminosas (el término científico es simbiosis) mediante los cuales las bacterias reciben hospedaje mientras que ellas —en retribución— comparten el N que toman de la atmósfera. Obviamente, por ello estos cultivos (entre los que se destaca la soja) son mucho menos dependientes de los fertilizantes.

A mediados del siglo XX, los científicos encontraron la manera de identificar y aislar las mejores cepas de *Rhizobium* y de multiplicarlas industrialmente creando un producto comercial capaz de facilitar y promover este mecanismo natural. En la actualidad, un 90 % de la soja argentina se beneficia con esta alianza (esta práctica agrícola se llama inoculación). La producción y la comercialización de distintas variantes de nuestro *Rhizobium* ha impulsado una industria que genera ventas anuales locales y exportaciones por cerca de cien millones de dólares: nada mal para un pequeño microbio.

Sin embargo, no todas son buenas noticias cuando hablamos del *Rhizobium*; este microorganismo, al igual que otros, además de compartir el N de la atmósfera con sus huéspedes, tiene la capacidad de contribuir al proceso de "desnitrificación" que mencionamos arriba. Un equipo de científicos liderados por el Dr. Fabricio Cassan, microbiólogo y docente investigador del Departamento de Ciencias Naturales de Río Cuarto, en colaboración con el Instituto de Investigaciones Biotecnológicas (IIB-INTECH) de Chascomús, el Laboratorio del Metabolismo del Nitrógeno de la Estación

Experimental del Zaidín (CSIC, España), el INTA y la empresa Ceres Demeter, han logrado identificar nuevas especies de *Rhizobium* que tienen la particularidad de no producir óxido nitroso durante el proceso. Este emprendimiento, bautizado como SoyGreen, recibió una inversión de doscientos cincuenta mil dólares por parte del fondo de inversión SF500 en el año 2023.

Una de las grandes áreas de oportunidad de la agricultura moderna es encontrar nuevos microbios capaces de capturar N de la atmósfera e incorporarlo a las plantas, tal como lo hace la bacteria *Rhizobium* en la soja. Un descubrimiento reciente es la bacteria endófita *Methylobacterium symbioticum*, lanzada al mercado por Corteva como Utrisha®, que permite capturar el N atmosférico en el cultivo de maíz, uno de los cultivos más fertilizados del planeta.

Como anticipamos arriba, en la actualidad, los fertilizantes nitrogenados representan —aproximadamente— el 50 % de la huella de carbono de la actividad agrícola; por lo tanto, cada kilo que podamos sustituir por alternativas biológicas nos acerca a una agricultura más sostenible.

Sin embargo, en la Argentina, vivimos una situación particular —cuándo no—. Si bien no escapamos a las generalidades aquí descritas, el uso de fertilizantes nitrogenados es particularmente bajo. Las razones principales de esta situación son dos: por un lado, los costos relativos que sufren los productores argentinos y, por el otro, la proverbial fertilidad de nuestros suelos; a causa de esto, entre 1990 y 2016 solo repusimos el 40 % del N que nos llevamos en granos. Si bien ello podría ilusionarnos con un menor impacto ambiental de la agricultura argentina, esta situación no es sostenible. Indefectiblemente, en los próximos años tendremos que reponer este déficit y deberemos hacerlo aplicando todas las herramientas tecnológicas disponibles para asegurar su uso eficiente minimizando su impacto ambiental.

Como vimos, el uso ineficiente y —en ocasiones— irresponsable de los fertilizantes nitrogenados es una de las razones por las que el sector agrícola se ha convertido en una de las principales fuentes de GEI. La revolución digital del agro nos proporciona múltiples herramientas para aumentar la eficiencia del uso de N aumentando el rendimiento de los cultivos y minimizando el impacto en el ambiente.

¿Podremos reducir nuestra dependencia de los fertilizantes químicos en el futuro cercano? La tarea no es sencilla, por cierto; sin embargo, los agricultores ya han dado sobradas pruebas de su capacidad de innovación. Si a ella le agregamos mecanismos de incentivos vinculados a la fijación de carbono en el suelo, como veremos más adelante, no tengo dudas de que la transformación sucederá mucho más rápido de lo que imaginamos.

3. El campo y el agua

a. La huella hídrica

Hasta aquí hemos explorado cómo la agricultura tiene un rol protagónico en el cambio climático y cómo afecta prácticamente todos los recursos naturales; sin embargo, hay un recurso clave donde su rol es determinante: estamos hablando del agua.

Si la humanidad fuera una gran familia —que obviamente lo somos—, los agricultores seríamos quienes nos bañamos más seguido: nosotros concentramos el 70 % del consumo del agua de la humanidad (versus el 19 % de la industria y el 11 % de los hogares).[36]

El agua es un recurso renovable, eso es cierto, pero su disponibilidad es finita. Solo el 2,5 % del total del agua en el mundo es dulce y, de su totalidad, solo el 1 % se encuentra disponible para el consumo humano y para los ecosistemas. El resto es agua salada, congelada o contaminada.

Ahora bien, si tenemos en cuenta que apenas un 20 % de la agricultura se realiza bajo riego, podemos deducir que el 70 % del agua dulce de la humanidad se consume para regar doscientas setenta y cinco millones de hectáreas que, en contrapartida, contribuyen al 40 % de la producción mundial de alimentos.

---

36 https://www.fao.org/water/es/.

Hasta que el *Homo sapiens* no aprendió a regar sus cultivos, su capacidad de expandirse se limitaba a territorios donde la lluvia fuera suficiente: en otras palabras, la conquista del planeta solo pudo ser completa a partir del manejo del riego.

Fueron necesarios dos mil años para que los primeros agricultores de Egipto aprendieran a aprovechar las aguas del Nilo para expandir sus cultivos. Desde aquel momento, los agricultores no descansaron en su afán por desarrollar creativas soluciones para asegurar el fluido vital para sus cosechas. Fue así que lograron construir grandes obras de ingeniería —como las terrazas de los incas, los molinos de agua persas y los grandes acueductos romanos, entre otros— que los sobreviven, nos maravillan y nos hablan del empeño y la creatividad de nuestros antepasados.

Hace muy pocos años atrás, en 1965, en el mismo desierto donde los agricultores egipcios inventaron el riego, dos israelitas, Simcha Blass y su hijo Yeshayahu, perfeccionaron un sistema conocido como riego por goteo a partir del uso de microtubos de plástico y mecanismos de goteo. De inundar grandes extensiones de terreno, pasamos a aplicar apenas unas pocas gotas por planta y, gracias a esta tecnología, fue posible aumentar la eficiencia del uso dramáticamente: para producir un kilo de tomates mediante el riego por surcos —el sistema de los egipcios—, son necesarios entre cien y trescientos litros de agua, mientras que, si utilizamos riego por goteo —el sistema israelí—, el consumo se reduce a solo cincuenta litros para lograr el mismo tomate.

A partir de allí, la innovación no se detuvo: ya en *La revolución digital del agro* desarrollamos una amplia reseña de innovadores sistemas de riego como la hidroponía y las granjas verticales. Sin embargo, a pesar de su crecimiento constante, los sistemas de riego más eficientes apenas representan un 14 % del área regada a nivel mundial.[37]

Y así llegamos al momento de un nuevo *mea culpa:* a pesar de todos los avances, continuamos regando de una manera muy ineficiente, tanto es así que algunas estimaciones nos indican que más del 40 % del agua utilizada para el riego se desperdicia.[38]

Este enorme derroche debería interpelarnos como agricultores, pero adquiere una particular sensación de urgencia cuando comprobamos que, para 2030 —es decir, mañana—, la mitad del planeta sufrirá un severo estrés hídrico si el uso del agua no se disocia del crecimiento económico. Dicho de otro modo, debemos aumentar la productividad un 70 %, pero no podemos darnos el lujo de seguir utilizando el agua como lo venimos haciendo hasta hoy.[39] Si además tenemos en cuenta que zonas como Mendoza dependen fundamentalmente del agua de glaciares, un recurso en drástica disminución, la situación se torna verdaderamente crítica. No obstante, como veremos a continuación, hay motivos para ser optimistas.

Como podemos imaginarnos, la primera solución para reducir este derroche es acelerar la expansión de sistemas de riego más eficientes; asimismo, como también podemos imaginarnos, la principal barrera para la adopción de sistemas de riego es la inversión necesaria para instalar tales equipos. Dependiendo de la tecnología, el costo de instalar un equipo

---

37 https://www.hidraulicafacil.com/2017/06/breve-historia-del-riego-localizado.html?m=1.
38 https://www.fao.org/3/Y3918S/y3918s05.htm.
39 https://www.bancomundial.org/es/topic/water-in-agriculture.

de riego oscila entre 1000 USD/ha —para un equipo de riego por goteo— y 100 000 USD/ha —para un equipo de hidroponía—. Los repagos de estas inversiones típicamente requieren de varios años —se estima un plazo mínimo de diez años— y, por ello, es necesario el acceso a créditos a largo plazo, un beneficio nada habitual para los agricultores de muchas partes del planeta —ya ni les cuento en la Argentina—.

La revolución digital, otra vez, nos ofrece herramientas para ayudarnos a regar de una manera mucho más eficiente sin que su implementación requiera de inversiones de capital significativas. Para comenzar, es necesario considerar que —hasta hace muy poco tiempo— los sistemas de riego más sofisticados eran manejados usando la misma tecnología que usan los encargados de la ciudad de Buenos Aires para limpiar las veredas: desidia pura. Frente a esto, la utilización de tecnologías como la IA nos ayudará a tomar mejores decisiones.

Fueron los técnicos de una empresa israelí, Grofit, los primeros en desarrollar sensores digitales capaces de proporcionarnos los datos necesarios para que la IA nos permita decidir cuándo es necesario regar. En lugar de depender del criterio subjetivo para decidir la cantidad de agua para el riego, los sensores miden con exactitud el agua caída, calculan el consumo de agua del cultivo y —además— monitorean la humedad en el suelo a nivel radicular. Con toda esa información, deciden cuándo y cómo regar, así como la duración óptima del riego.

Asimismo, la *start-up* argentina Kilimo, fundada en 2019 por un equipo liderado por el cordobés Jairo Trad, ofrece a los productores de cuatro países (Argentina, Chile, Perú y, recientemente, México) una plataforma digital capaz de ayudarlos a regar más eficientemente. Utilizando *big data,* combina información satelital, meteorológica y de campo para calcular la cantidad de agua que consume un cultivo por día. De este modo, se pueden transformar las prácticas de los agricultores, brindando recomendaciones de riego simples con las que se puede ahorrar hasta un 30 % del recurso hídrico. Gracias a esta tecnología, la toma de decisiones resulta simple y segura, reduce los costos operativos y hace la producción más sostenible.

Pero usar menos agua es solo el comienzo: en un entorno tan acuciante como el que nos espera en los próximos años, es imprescindible manejar un recurso tan crítico con la máxima eficiencia, y ello significa —vaya obviedad— conocer la cantidad de agua necesaria para producir un determinado bien. Hasta hace poco tiempo, la evaluación del uso del agua se realizaba exclusivamente midiendo o estimando su captación de las fuentes superficiales o subterráneas, ignorando la producción de bienes y servicios finales, sin tener en cuenta que estos productos se realizan en largas cadenas de producción con consumos específicos dentro de cada una de las etapas y con impactos específicos según cada zona. Precisamente, el indicador denominado "huella hídrica"[40], un indicador medioambiental que define el volumen total de agua dulce utilizado para producir los bienes y servicios que habitualmente consumimos, trata de suplir esta deficiencia. En otras palabras, es una variable necesaria que nos dice cuánta agua nos cuesta fabricar un producto. Recién en el año 2002 fue el Prof. Arjen Hoekstra, de la Universidad de Twente, en los Países Bajos, quien puso las primeras bases conceptuales

---

40 https://www.iagua.es/blogs/beatriz-pradillo/huella-hidrica-indicador-agua-que-consumimos.

y dio el nombre a este indicador de sostenibilidad que hoy en día es calculado por centenares de investigadores, empresas y gobiernos en todo el mundo.

La huella hídrica se mide en unidades de volumen (litros o metros cúbicos) por unidad de producto fabricado o servicio consumido, y consta de tres sumandos que se han denominado según los colores asignados usualmente al agua: la huella hídrica verde contiene la fracción de huella que procede directamente del agua de lluvia o nieve y que se almacena en el suelo en capas superficiales al alcance de las plantas; la huella azul se refiere al agua que procede o se capta de fuentes naturales o artificiales mediante infraestructuras o instalaciones operadas por el hombre, y, por último, la huella gris se refiere al volumen de agua contaminada en los procesos y que, posteriormente, es necesario diluir para cumplir con los parámetros exigidos por la normativa sectorial del cauce u organismo receptor de los vertidos finales de proceso. Como ya hemos visto, calcular la huella hídrica no resulta una tarea sencilla, y plataformas como la desarrollada por Kilimo lo facilitan notablemente.

Y aquí volvemos a una cuestión central de este libro: no hay dudas de que tenemos que seguir produciendo alimentos, pero no podemos hacerlo a cualquier precio ni a cualquier costo. La huella hídrica nos hace tomar conciencia del consumo de agua que necesitamos en todas nuestras actividades, nos aporta un valor de referencia de nuestro uso del agua y, sobre todo, nos sirve para valorar dónde podemos mejorar; de esta manera, encontramos un punto de partida para establecer un manejo eficiente del agua y del establecimiento de objetivos.

A manera de ejemplo, voy a citar los resultados logrados en los campos El Tambo y La Sirena, del Grupo El Puente S.

A., parte del ecosistema productivo de la provincia de Santa Fe, Argentina, a partir de datos suministrados por Kilimo. En esta explotación, la huella hídrica de un kilo de trigo con riego tecnificado y monitoreado es de trescientos cincuenta y siete litros de agua en forma directa, mientras que la del trigo de secano es de trescientos ochenta y nueve litros: si bien se logró disminuir menos de un 10 % el uso del agua, gracias al riego tecnificado, se produjo un 17 % más de trigo que en las hectáreas sin riego, lo que determinó un mejor uso del recurso hídrico por tonelada producida.[41]

Hasta hoy, la manera de analizar las inversiones productivas se basaban en su impacto en la capacidad de incrementar la producción (los kilos adicionales producidos) ponderados por el costo de la inversión. Esta ecuación puede cambiar significativamente cuando —adicionalmente— el mercado está dispuesto a pagarnos por los ahorros en un recurso tan sensible como el agua. Lejos de ser una quimera, esta es una posibilidad cada vez más cercana, como veremos más adelante en el capítulo "Caminos alternativos".

Recién cuando aprendimos a controlar el agua fuimos verdaderamente capaces de conquistar el planeta, hacerlo no fue tarea fácil y el legado de monumentales obras de ingeniería nos recuerdan el empeño que tuvimos que poner para lograrlo. Personalmente, estoy convencido de que el desafío que tenemos por delante es de una magnitud similar —sino superior—, solo que en esta oportunidad la clave para lograrlo estará en la tecnología de la información.

---

41   Es interesante comprobar la baja huella hídrica del trigo producido en este establecimiento cuando se compara con el promedio internacional del trigo de 1868 litros por kilo de trigo.

b. El agua que no vemos

No debería sorprendernos que los productores agropecuarios vivan obsesionados con el clima; es más, estoy seguro de que no exagero cuando afirmo que casi todas las conversaciones en el campo comienzan alrededor de este tema. Pero la situación es aún más compleja: la relación de los productores y la lluvia es de una insatisfacción permanente. Muchas veces por defecto, otras por exceso, lo cierto es que no existe el concepto de lluvia apropiada. El productor vive mirando al cielo o —gracias a la digitalización— chequeando su *smartphone* a ver qué dice el pronóstico. Muchas veces ansiando su llegada, otras rogando para que termine. Para hacer esta relación aún más compleja, algunos productores canalizan sus demandas vía algún santo o santa de confianza con probada trayectoria en estas lides —cuentan que rezar en el campo por la lluvia antes de comer ha llegado a ser algo característico de muchas casas—. Nada de ello es extraño en una industria a cielo abierto donde los resultados económicos son altamente dependientes de la particularidad meteorológica del ciclo agrícola.

No obstante, hasta hace relativamente muy poco tiempo, los productores subestimaban o directamente desconocían el impacto del agua que no vemos: el agua subterránea o las napas freáticas. Un enorme porcentaje de la superficie agrícola argentina (que algunos expertos estiman en diez millones de hectáreas) tiene su productividad condicionada por la presencia del agua subterránea. Las napas de agua tienen la capacidad de ser un extraordinario aporte para los cultivos, pero, al mismo tiempo, pueden representar una amenaza oculta con efectos devastadores. He aquí, una vez más, una complejidad difícil de interpretar y, más aún, de manejar. Una napa a la profundidad de las raíces es —casi— una garantía de rendimiento y un seguro para eventuales sequías, pero cuando la misma se acerca peligrosamente a la superficie, y —sobre todo— cuando su contenido salino supera ciertos umbrales, puede ser catastrófica para los cultivos. Nos enfrentamos así, una vez más, con la típica ambigüedad del campo donde la única respuesta segura es "depende", y por ello es imprescindible conocer más.

En la medida en que la conciencia sobre la importancia y la presencia de las napas se ha extendido, conocer, entender y —mucho más difícil aún— predecir su comportamiento se ha convertido en un enorme desafío para los productores. Nuestro recordado Hector Baigorrí —destacado investigador del INTA y otro de los grandes próceres de la agricultura moderna— fue de los primeros en hablar de "ambientes con napa" y recomendar su monitoreo permanente. A partir de su visión, poco a poco la pampa húmeda se fue llenando de freatímetros: instrumentos que permiten medir la profundidad de la napa. Gracias a ellos, los ingenieros agrónomos tienen en cuenta —cada vez más— el agua que no vemos y han podido comprobar su influencia —a veces positiva, otras negativa—. Asimismo, es contundente la experiencia del —también ya mencionado en el libro anterior— ingeniero agrónomo Luis Verri, del estudio Agronomy Tech, quien a lo largo de veinte años ha demostrado cómo, en ambientes donde los cultivos pueden aprovechar la napa freática, el impacto del clima solo explica un 33 % del rendimiento, mientras que en ambientes sin este beneficio el clima explica más del 50 %. En sus palabras, esta es una manera de producir "sin mirar para arriba".

Monitorear freatímetros se ha convertido en una tarea habitual para los ingenieros agrónomos; sin embargo, es muy difícil poder dimensionar la distribución de las napas a partir de mediciones puntuales. Frente a esto, la revolución digital del agro nos ha traído una herramienta que un tiempo atrás hubiera parecido ciencia ficción: mapas digitales de la profundidad de las napas. La incorporación de sensores a los mismos y su conexión vía redes IoT (por *Internet of Things*), o internet de las cosas, sumados a algoritmos de IA, nos permiten monitorear el nivel de las napas mientras planificamos la campaña. De esta manera, por ejemplo, si las napas se encuentran más cerca de la superficie, será necesario sembrar cultivos más demandantes de humedad para mantenerla baja, y, por el contrario, sembrar cultivos menos demandantes —como el girasol— cuando las mismas se encuentran más profundas. Esta tecnología, que pareciera diseñada por la NASA, ha sido creación de emprendedores argentinos como el ingeniero agrónomo Sergio Rang, de la localidad de Laboulaye, Córdoba. Gracias a esta aplicación, la definición de ambientes de la agricultura digital incorpora una nueva dimensión. En breve, ya no solo podremos conocer su profundidad, sino también las características de las mismas. Por ejemplo, podremos saber —en tiempo real— su contenido de sales y nitratos. Gracias a ello, podremos comenzar a monitorear y a prestar más atención a otra de las materias pendientes del agro en cuestiones de sostenibilidad: nada menos que la contaminación de las napas con nitratos como resultado de procesos de fertilización, y seguir así avanzando hacia el uso más eficiente de los fertilizantes nitrogenados, como discutimos en "*¿Quo vadis,* nitrógeno?".

¿La agricultura digital nos permitirá dejar de depender del clima? De ninguna manera, los agricultores del futuro seguirán manteniendo su permanente insatisfacción con el clima, solo que cada día tendrán más información y más herramientas para poder enfrentar sus caprichos y seguir reduciendo su dependencia.

4. Biodiversidad

a. Acerca de la biodiversidad

El girasol es una de las plantas más hermosas que podemos encontrar en la pampa húmeda. Recorriendo lotes de este cultivo, algo que he hecho en cientos de oportunidades, es habitual encontrarnos con colmenas estratégicamente ubicadas para asegurar la polinización de aquellas flores tan hermosas y maximizar su productividad. Más allá de la precaución por tratar respetuosamente a las abejas, nunca me había percatado de su sinsentido hasta muy recientemente: ¿cuándo se hizo necesario trasladar las abejas artificialmente para asegurar la polinización de un cultivo?

La respuesta es obvia: cuando terminamos con las flores silvestres y acabamos con el alimento natural de las abejas. Cuando no dejamos restos de vegetación natural debajo de los alambrados, ni en los bordes de los caminos ni en los bordes de los cursos de agua, literalmente expulsamos a las abejas. Luego, fieles a nuestra tan humana manera de resolver los problemas, no encontramos mejor solución que importarlas e —ilusamente— creímos que habíamos solucionado el problema.

La presencia de abejas es una manifestación de la biodiversidad de nuestro lote. Llama la atención comprobar que esta palabra, "biodiversidad" —tan vigente hoy en día y que he utilizado decenas de oportunidades en este libro—, haya sido utilizada por primera vez en octubre de 1986 por Walter G. Rosen, a quien se le atribuye su creación.

Recién en el año 1992, durante La Cumbre de la Tierra de Río de Janeiro, se reconoció, por primera vez en la historia, la necesidad de conciliar la preservación futura de la biodiversidad con el progreso humano bajo criterios sostenibles. Finalmente, el 22 de mayo de 1994, se aprobó en Nairobi el primer Convenio Internacional sobre la Diversidad Biológica. Esa fecha fue luego declarada por la Asamblea General de la ONU como Día Internacional de la Biodiversidad.[42]

Pero es justo decir que el concepto, como metáfora de tantas otras cosas, llegó tarde: desde la revolución neolítica a la fecha, hemos convertido el 80 % de los ecosistemas naturales del planeta en áreas de producción de alimento o de forraje. Es evidente que gran parte de nuestro progreso ha sido a costa de destruir biodiversidad. Es obvio que no podemos seguir avanzando sobre la naturaleza, pero, como ya anticipamos, dejar de destruir no alcanza. Debemos comenzar a recuperar la naturaleza, debemos traer de regreso a las abejas; o, mejor dicho, ofrecerles los medios para que vuelvan en forma natural. A partir de aquí, nos focalizaremos en cómo lograrlo.[43]

Existen —básicamente— dos caminos para recuperar la biodiversidad. Hay estrategias que trabajan "fuera del lote", cómo la creación de parques naturales, mientras que hay otras que lo hacen "dentro del lote", como la rotación de

---

[42] https://www.un.org/es/observances/biodiversity-day/convention#:~:text=El%20Convenio%20sobre%20la%20Diversidad,ha%20sido%20ratificado%20por%20196.

[43] https://ourworldindata.org/environmental-impacts-of-food.

cultivos, las coberturas permanentes o los cultivos de cobertura que ya mencionamos.

La primera estrategia se sustenta dentro de la línea de pensamiento de *land sparing*, que considera que las reservas naturales y los campos son ámbitos separados; por lo tanto, la naturaleza no debe tener un rol en la producción y la conservación de biodiversidad, sino que debe realizarse por medio de la creación de áreas protegidas. La segunda, dentro de la línea de pensamiento de *land sharing*, entiende que la naturaleza cumple un rol clave en las producciones agrícolas y que es necesaria para un mejor rendimiento de los cultivos. En otras palabras, el *land sparing*, que podría traducirse como "tierra de repuesto" o "tierra disponible", sugiere que hay que armar un territorio *ad hoc* para generar biodiversidad —es decir, la mesa de los chicos y la mesa de los grandes, que cada cual hable de sus temas y coma con sus modos—; por el contrario, el *land sharing*, "la tierra compartida", supone espacios menos diferenciados e intervenidos mutuamente —comamos todos juntos, acomodémonos, compartamos y aprendamos entre todos—.

"El consenso actual en la ciencia es que se necesita un poco de los dos: necesitás *land sharing* porque la naturaleza tiene un rol en la producción, pero también *land sparing*, porque hay especies que no pueden conservarse en un paisaje multifuncional; un yaguareté, por ejemplo", sostiene el ya mencionado Lucas Garibaldi.

El Convenio sobre la Diversidad Biológica es el instrumento internacional para "la conservación de la diversidad biológica, la utilización sostenible de sus componentes y la participación justa y equitativa en los beneficios que se deriven de la utilización de los recursos genéticos", y ha sido ratificado por ciento noventa y seis países. De manera similar a las convenciones sobre cambio climático, que ya hemos mencionado en varias oportunidades, las Naciones Unidas también viene organizando cada dos años la Conferencia de las Partes de la Convención sobre Diversidad Biológica. A fines del 2022, se llevó a cabo en Montreal, Canadá, la 15.ª Conferencia (COP15), allí se acordó un nuevo Marco Global de Biodiversidad *(Global Biodiversity Framework)* con metas de protección de biodiversidad para 2030.

El nuevo marco global hace equilibrio entre el *land sparing* y el *land sharing*: apunta a proteger un 30 % de superficie; pero también a incorporar biodiversidad en un 30 % de las tierras destinadas a producción agropecuaria.[44]

En el siglo III a. C., el rey Dewamnampiya Tissa creó la primera reserva natural del mundo en Sri Lanka al declarar un trozo del bosque objeto de protección oficial. Tuvieron que pasar dos mil años para que un europeo, en West Yorkshire, tuviera una idea parecida, y otros cincuenta años para que se crease el Parque Nacional de Yellowstone en los Estados Unidos. En el año 1900, apenas el 0,03 % de la superficie terrestre estaba protegida. Actualmente, un asombroso 15 % de la superficie de la tierra está protegida y la cifra sigue aumentando, aunque aún estemos lejos del 30 % objetivo. En la Argentina, según la información oficial, estamos ligeramente por encima de este promedio mundial (15,9 %).[45]

Por más loable que sea crear áreas protegidas, es imprescindible protegerlas adecuadamente, y es aquí donde las nuevas tecnologías tienen mucho por aportar: vamos a compartir un par de iniciativas de emprendedores argentinos destinadas a proteger la biodiversidad "fuera del lote" o *land sparing*.

---

[44] https://www.unep.org/es/resources/marco-mundial-kunming-montreal-de-la-diversidad-biologica.
[45] https://www.argentina.gob.ar/ambiente/areas-protegidas.

Comencemos con el caso de Dymaxion Labs, el emprendimiento de Federico Bayle y Damián Silvani, dos jóvenes porteños que, trabajando en el análisis de imágenes satelitales, desarrollaron —en cooperación con el BID (Banco Interamericano de Desarrollo) y la Subsecretaría de Tecnologías de la Información de la ciudad de Manaos, Brasil— un algoritmo capaz de detectar situaciones de deforestación generadas a partir de asentamientos informales en el Amazonas. Poco tiempo después, en colaboración con la agencia espacial peruana CONIDA y el capítulo del Programa de las Naciones Unidas para el Desarrollo (PNUD) de Lima, desarrollaron otro algoritmo para detectar actividades mineras ilegales. El caso Dymaxion Labs solo es una de las muchas iniciativas que —cual vigías del espacio— nos permiten relevar —de una manera precisa e irrefutable— el daño que estamos haciendo a nuestros ecosistemas más vulnerables y, eventualmente, reaccionar antes de que sea demasiado tarde.

En este sentido, si hablamos de áreas que necesitan un monitoreo cada vez más frecuente, posiblemente lo primero que nos viene a la mente son nuestros bosques. Como una consecuencia directa de la crisis climática, estudios recientes indican que la frecuencia y la duración de la temporada de incendios forestales —período del año en que ocurre la mayoría de los incendios— ha aumentado significativamente en muchas regiones del mundo desde la década de 1980 —al respecto, sobran las fuentes, pero me permitiré la recomendación del libro *Contra el fuego*, de Benjamín Reynal, donde, entre diferentes relatos históricos, aborda esta problemática y prácticamente todo lo referido al fuego—.[46]

---

46 https://agupubs.onlinelibrary.wiley.com/doi/full/10.1029/2020RG000726.

Cuesta creer que, en pleno siglo XXI, la prevención de incendios en grandes extensiones todavía está en las manos —aunque deberíamos decir en los ojos— de torristas: personas que pasan la mayor parte del día subidas a una torre a más de cuarenta metros de altura observando el horizonte con la intención de detectar un incendio tempranamente, cuando es más fácil poder controlarlo.

Fueron precisamente los incendios forestales de Córdoba de 2020 los que impulsaron a cuatro estudiantes del secundario —sí, ha leído bien, jóvenes de dieciséis años— de la escuela ORT de Buenos Aires a aportar una tecnología de detección temprana de incendios, y para ello crearon Satellites on Fire.

Si bien en el mercado ya existen herramientas similares con ese propósito, como la aplicación Firms de la NASA, su intención era complementar y mejorarla —sí, así como suena—. Satellites on Fire complementa los cuatro satélites que utiliza la NASA, y que visitan América cuatro veces al día, con otros dos satélites de otros proveedores que brindan información cada diez minutos emitiendo alertas más rápidas y precisas. La información de los satélites, combinadas con cámaras "inteligentes", reemplazan a los torristas y detectan focos de calor que pueden provenir de un incendio. Gracias a la utilización de IA, pueden analizar cada foco de calor y determinar la probabilidad de que sean incendios reales.

El desarrollo de esta aplicación resulta de enorme provecho para múltiples interesados, como estaciones de bomberos, empresas forestales, planes provinciales o consorcios para manejo del fuego. Satellites on Fire también puede ayudar a reaseguradoras forestales, bosques nativos, ONG, parques nacionales y otras entidades que protejan campos. Hasta ahora, más de cincuenta organizaciones han probado el sistema desde su lanzamiento en agosto de 2021 y muchas de ellas lograron proteger sus bosques gracias a la alerta temprana de esta solución.

Si bien el principal objetivo del concepto de *land sparing* consiste en promover la creación de reservas naturales y proteger la biodiversidad en las reservas ya existentes, también puede ser considerado como una acción "fuera del lote". Es por ello que los ejemplos de Dymaxion Labs y de Satellites on Fire son dos buenos ejemplos interesantes de tener en cuenta a fin de entender que la biodiversidad debe ser comprendida de manera holística, tanto de manera intrínseca como extrínseca; de hecho, a nadie se le ocurre manejar un auto sin el registro y los papeles en regla, ¿no?, eso también es parte de la seguridad vial.

A continuación, vamos a ocuparnos ahora de compartir una serie de iniciativas de promoción de la biodiversidad "dentro del lote" o *land sharing*.

La primera es conocida como paisajes multifuncionales y propone, sencillamente, promover la vegetación nativa y naturalizada en las áreas no productivas (bordes de caminos, franjas junto a los márgenes de los lotes, áreas cercanas al casco o bosques y montes de la zona) con el propósito de proveer hábitat y fuente de alimentos para la vida silvestre. En lugar de luchar contra la vegetación nativa, el objetivo es impulsarla, promoverla y protegerla.

Además de beneficiar a la vida silvestre, esta estrategia tiene cuantiosos beneficios para la agricultura: aumenta la población de polinizadores, contribuye a la regulación de las plagas, aporta herramientas para el manejo de malezas resistentes, crea un hábitat para pequeños mamíferos y aves, contribuye a la reducción de la erosión de los suelos, ayuda a proteger valiosos recursos hídricos, mejora el rendimiento de los cultivos dependientes de los polinizadores y de su calidad y rentabilidad y reduce costos asociados a servicios de polinización.

Leonardo Galetto, un investigador del CONICET, es uno de los profesionales que más ha estudiado el impacto de los paisajes multifuncionales en la productividad agrícola y ha publicado numerosos trabajos científicos donde pone de manifiesto que es suficiente con promover la vegetación natural en una pequeña porción de la superficie —típicamente, es suficiente con hacerlo en las zonas no productivas— para encontrar cambios significativos en la productividad, principalmente por su impacto positivo en la actividad de los polinizadores. La compañía Syngenta es la gran impulsora de esta iniciativa en Argentina, Uruguay, Paraguay y Chile. Mientras que, en el mundo, bajo el nombre "Operation Pollinator", se desarrolla en más de trece países.

Para que esta propuesta alcance su máximo potencial, es necesario que estos paisajes no sean islas de diversidad, sino que se conecten unos con otros y construyan así una red natural que sirva como refugio para la fauna silvestre. Los corredores biológicos, definidos como "un espacio geográfico delimitado que proporciona conectividad entre paisajes, ecosistemas y hábitat, naturales o modificados, y asegura el mantenimiento de la diversidad biológica y los procesos ecológicos y evolutivos", son un interesante complemento de los paisajes multifuncionales.[47]

Otra forma de abordar el tratamiento de la tierra en relación con la biodiversidad podemos encontrarla en algo tan

---

47 https://www.biodiversidad.gob.mx/region/que-es-corredor.

esencial como en el diseño del campo; tal como reflexionamos en *La revolución digital del agro,* en la naturaleza no existen los diseños ortogonales. Hemos sido nosotros, los humanos, quienes creímos encontrar en la uniformidad y homogeneidad la —supuesta— solución para una agricultura industrial. Gracias a las nuevas tecnologías, hoy podemos conocer —cada vez con mayor precisión— cada uno de nuestros ambientes y podemos utilizar la tecnología apropiada en cada uno de ellos. Mientras que hay ambientes que son apropiados para la agricultura, podemos encontrar —apenas a pocos metros de distancia— ambientes vulnerables que es mejor conservar y dejar intactos, contribuyendo, de esta manera, a la biodiversidad del lote. Este es el concepto rector de lo que hoy llamamos "agricultura por ambientes" o "agricultura digital".

Ahora bien, ¿por qué limitarnos exclusivamente a ambientar un lote en lugar de ambientar todo el campo? Esta es la propuesta de AgroDesign, la iniciativa de dos emprendedores que ya hemos mencionado con anterioridad: Lucas Andreoni y Lucas Garibaldi. Basados en abundante evidencia científica, sostienen que los diseños rectangulares generan ineficiencias en el manejo productivo —al tratar como homogéneos paisajes heterogéneos— y, por ello, proponen rediseñar el paisaje agropecuario a fin de optimizar las múltiples contribuciones de la naturaleza a la productividad.[48]

A partir de analizar las características topográficas, ecológicas y productivas del terreno, ofrecen un producto a medida, diseñado para maximizar la productividad, el uso óptimo de espacios y restaurar la biodiversidad. La expectativa es que

---

48 https://besjournals.onlinelibrary.wiley.com/doi/abs/10.1111/1365-2664.14305; https://onlinelibrary.wiley.com/doi/10.1111/ele.13265;https://www.sciencedirect.com/science/article/pii/S1161030120302045?pes=vor.

la mayor productividad compense con creces la inversión en el rediseño, pero —adicionalmente— también piensan en poder comercializar bonos de biodiversidad en un futuro cercano —tema que desarrollaremos más adelante—.

Comenzaron con su oferta hacia fines del año 2023 y, en muy poco tiempo, ya han cerrado acuerdos para diseñar cinco establecimientos por un total de siete mil ochocientas hectáreas. Quienes hemos tenido la oportunidad de conocer estos desarrollos, encontramos que diseñar respetando los ambientes, además de propiciar la productividad e impulsar la biodiversidad, contribuye a recuperar la belleza de la naturaleza.

Fiel a mi perspectiva productivista, a lo largo de este libro siempre hemos considerado los ecosistemas en referencia a su potencial productivo. No obstante, como es obvio para todos los que disfrutamos del turismo y de contemplar la naturaleza, hay muchísimo valor potencial más allá de su potencial productivo. En este sentido, la FAO identifica beneficios no materiales que las personas obtienen de los ecosistemas como "servicios culturales o bioculturales", que en Argentina los conocemos como "servicios ecosistémicos". Estos servicios comprenden la inspiración estética, la identidad cultural, el sentimiento de apego al terruño y la experiencia espiritual relacionada con el entorno natural. Normalmente, en este grupo se incluyen también las oportunidades para el turismo y las actividades recreativas.[49]

Hasta hoy, parecía que ambos ecosistemas, el productivo y el biocultural, eran mutuamente excluyentes; es posible que, a causa de ello, encuentre la visión de AgroDesign particularmente inspiradora.

---

49 https://www.fao.org/ecosystem-services-biodiversity/background/cultural services/es/.

Hace más de cuarenta años que soy ingeniero agrónomo y, durante gran parte de mi carrera, practiqué el culto a la homogeneidad, al igual que muchos de mis colegas. Incluso expulsamos a las abejas, como comenté al principio, hasta que nos dimos cuenta de que no podíamos producir sin ellas. Creo que es una excelente metáfora sobre la importancia de la biodiversidad (tanto dentro como fuera del lote, por supuesto). Estoy convencido de que uno de los mayores desafíos que la agricultura regenerativa nos presenta es producir impulsando, protegiendo y conviviendo con ella. No solo es el camino para ecosistemas más sostenibles, sino, además, más bellos.

b. Garantía de supervivencia

A lo largo de este libro, y del anterior, hemos destacado en numerosas oportunidades que el punto de partida para iniciar un cambio de comportamiento consiste en comenzar a medir. Lo mencionamos cuando hablamos de la toxicidad de los agroquímicos, cuando hablamos de la huella de CO_2 y también cuando hablamos de la huella hídrica. Ahora bien, medir biodiversidad es mucho más complejo que todas las anteriores, ya que no hay una línea de base o métrica de biodiversidad estándar. "Para la medición de biodiversidad hay que considerar muchos grupos distintos de seres vivos (microorganismos, artrópodos, etcétera), y algunos son más difíciles de monitorear que otros: por ejemplo, es más costoso y variable comprender las acciones para favorecer la diversidad de bacterias o mesofauna del suelo con respecto a las de plantas", explica Lucas Garibaldi. Sin embargo, a continuación voy a compartir una serie de iniciativas que están detrás de este ambicioso propósito.

La primera de ellas es el índice de biodiversidad desarrollado por Cropwise, una solución integrada dentro del paquete de soluciones de la plataforma digital de Syngenta que permite medir cuánta biodiversidad existe en un campo usando un protocolo de medición desarrollado por CONICET. Guiado por la aplicación, el interesado responde a un detallado cuestionario que cubre múltiples aspectos de su campo. A partir de esas respuestas, el programa ofrece un índice de biodiversidad que se convierte en la primera referencia y en una métrica a monitorear a partir de ese momento.

Una segunda alternativa, bastante más sofisticada, es la desarrollada por la *start-up* De Origen. Mediante la interpretación de imágenes satelitales y mecanismos de teledetección, estos emprendedores pretenden crear un "*scoring* ecosistémico" para determinar el valor ambiental de un ecosistema. La expectativa es que el sistema pueda estimar el potencial valor ambiental de una determinada propiedad y, desde allí, ofrecerle al interesado las posibilidades comerciales que podría obtener a partir de su explotación, por ejemplo, en un eventual mercado de compensación de créditos de carbono. La premisa de estos emprendedores es que los dueños de la tierra simplemente desconocen el potencial ambiental de su propiedad y es por ello que, muchas veces, la falta de alternativas termina empujando la decisión hacia las actividades tradicionales, que no siempre son las más apropiadas.

Una tercera alternativa es la desarrollada por Ucrop.it, una *start-up* focalizada en desarrollar soluciones de trazabilidad y sostenibilidad para los productores agropecuarios. En un mundo donde los compradores comienzan a demandar condiciones cada vez más exigentes, la propuesta de Ucrop.it es proveer la trazabilidad necesaria. Veamos el caso, por ejemplo, de 2BS, una ONG que ha desarrollado un exigente estándar de sostenibilidad que certifica que la biomasa producida no provenga de lugares clasificados como de alta biodiversidad o con altas reservas. Antes de la existencia de esta plataforma, los productores que querían acceder a esta certificación tenían que completar engorrosos formularios y pagar costosas inspecciones, ahora, gracias a la plataforma digital de Ucrop.it, solo tienen que trazar sus lotes y cargar toda su información productiva para comprobar si cumplen con dicho estándar.

Finalmente, uno de los ejemplos más interesantes es el de la empresa chilena fundada por Roger Sepúlveda, Ecogen, quienes han desarrollado una tecnología que les permite, a partir de una simple muestra y gracias a la utilización de una enorme cantidad de marcadores genéticos, determinar la huella digital de un determinado ambiente. Al momento, prestan servicios en los sectores minero, energético, forestal, acuícola y portuario; lamentablemente, por el momento no han desarrollado su servicio para el sector agrícola, pero confiesan que es algo que tienen previsto encarar en el corto plazo.

El mecanismo que proponen es sorprendentemente simple: han desarrollado un kit de muestreo que permite que cualquier persona pueda colectar muestras de suelo de cualquier lugar del planeta. El kit llega por correo y contiene todo lo necesario para colectar una muestra ambiental que será analizada en su laboratorio. La muestra permite analizar tres componentes de la biodiversidad: identificar las especies presentes, medir su presencia y, finalmente, establecer su abundancia relativa. De esta manera, pueden establecer la "matriz ambiental" de cualquier ecosistema y, a partir de dicha información, proponer planes de acción para proteger, sostener e impulsar la biodiversidad. Obviamente se requiere respetar un exigente protocolo para lograr que el muestreo sea representativo.

Administrar, respetar y —finalmente— impulsar y mejorar la diversidad biológica es, sin lugar a dudas, uno de los desafíos más grandes para la agricultura moderna. La agricultura regenerativa, mediante prácticas como la rotación de cultivos, los cultivos de cobertura y la integración mutuamente beneficiosa de árboles, forrajes y animales, entre otras prácticas, tiene el objetivo claro de mejorar la diversidad biológica. En este entorno, es oportuna esta frase de Isabel Allende: "El seguro de vida de cualquier especie es la diversidad. La diversidad garantiza la supervivencia".

c. Un nuevo mundo

"Cuando nos paramos sobre el suelo, en realidad estamos parados sobre el techo de otro mundo": esta frase de Jill Clapperton —fundadora de Rhizoterra, una red global de promotores de la salud del suelo— es una de las expresiones que mejor refleja la importancia y complejidad del suelo.[50]

Mientras que en "Hacia una agricultura regenerativa" destacamos el rol del suelo como reservorio de CO_2, en esta oportunidad vamos a focalizarnos en otro rol no demasiado conocido del suelo: fuente de biodiversidad beneficiosa para la humanidad. Precisamente, un estudio de la Naciones Unidas señala que, a pesar de ser largamente ignorada, la biodiversidad de los suelos es fundamental para alimentar al planeta.[51]

Los productores agropecuarios han comprendido que es cada vez más importante conocer sus suelos, y —tal como desarrollamos en "¿*Quo vadis*, nitrógeno?"— comprobamos cómo los mecanismos de análisis son cada vez más sofisticados y precisos. Sin embargo, hasta ahora, el foco de todas estas nuevas tecnologías ha sido conocer su composición física y química con el objetivo de ajustar la fertilización de la manera más eficiente posible. En contrapartida, hasta hace muy poco tiempo, era muy limitada la tecnología disponible para conocer la salud biológica del suelo y es todavía muy

---

50 https://www.rhizoterra.com/.
51 https://news.un.org/es/story/2020/12/1485132.

poco lo que sabemos sobre las interacciones entre el suelo y las plantas, a pesar de que —empíricamente— cualquier productor agropecuario es consciente de la importancia que tiene la salud del suelo para su negocio.

Hay un par de datos contundentes que sirven para poner de relevancia la importancia del suelo: el primero es que más del 40 % de los organismos vivos en los ecosistemas terrestres están asociados al suelo durante su ciclo biológico; el segundo, que los suelos albergan más del 25 % de la diversidad biológica del planeta.[52]

Uno de los primeros en poner foco en este territorio ha sido el ingeniero agrónomo Lucas Andreoni, a quien ya mencionamos anteriormente. Apasionado observador de la salud de los suelos, incorporó a su consultora en el año 2020 un equipo de microbiólogos destinado a desarrollar métodos capaces de medir el nivel de biodiversidad microbiana consciente de que solo a partir de poder tener una lectura objetiva de la salud del suelo podremos comenzar a protegerla y mejorarla.

También en otras partes del mundo comienzan a destacarse ambiciosos proyectos con el mismo propósito: medir la biodiversidad del suelo de una manera objetiva y precisa a fin de diseñar, a partir de allí, estrategias capaces de fomentar la misma. Dentro de las más interesantes, me parece importante considerar los casos de Solena y Biome Makers.

Los mexicanos de Solena utilizan una expresión muy adecuada para referirse a la diversidad de microorganismos que maximizan el valor de los suelos: capital biológico. Su propuesta de trabajo es particularmente simple. El primer paso consiste en obtener una muestra del suelo georreferenciada; a

---

52 https://www.fao.org/documents/card/en?details=59b5336f-0ae7-46c4-8d72-2fe2748723cb.

partir de dicha muestra, se lleva a cabo un preciso análisis detallando la biodiversidad del suelo para concluir con un paquete de recomendaciones a fin de proteger y maximizar el capital biológico de su suelo. El fondo de inversión argentino Glocal, especializado en los segmentos *ag* y *biotech*, se cuenta entre los inversores que han confiado en Solena recientemente.

Otro caso interesante es el de Biome Makers, una *start-up* española de *biotech* que ayuda a las empresas agrícolas a mejorar su producción y la calidad de sus productos a partir del análisis del microbioma de sus cultivos.[53] Sostienen disponer de una base de datos con catorce millones de microorganismos —y resulta verosímil, la mayor existente en el mundo—. En el año 2020, cerraron una ronda de inversión de 3,5 millones de euros.

Ya describimos la fantástica historia del *Rhizobium*, pero este es apenas el primero de los muchos microorganismos que serán protagonistas de una agricultura regenerativa. Si tenemos en cuenta que solo conocemos entre el 1 y 2 % del total de especies de bacterias y hongos que existen en el suelo, son muchas las posibilidades de poder identificar nuevas estrellas en el firmamento microscópico.[54]

Las bacterias y los hongos del suelo, por su parte, son utilizados tradicionalmente en la producción de alimentos y bebidas y para la producción de medicamentos. El antibiótico que llamamos penicilina, por ejemplo, es un derivado de un hongo del suelo identificado por Alexander Fleming en 1928, lo mismo sucede con la bleomicina, que se utiliza para tratar el cáncer, y con la anfotericina, utilizada para las

---

53 https://www.techfoodmag.com/biome-makers/.
54 https://inta.gob.ar/sites/default/files/imagenes/universo_bajo_nuestros_pies.pdf.

infecciones por hongos. En definitiva, la rápida evolución de los microorganismos hace que el suelo resulte una importante fuente de productos farmacéuticos y un botiquín indispensable para el futuro.

A continuación, les propongo conocer algunos casos concretos de emprendedores argentinos que han identificado promisorios microorganismos del suelo con el potencial de convertirse en herramientas fundamentales para una agricultura regenerativa.

Elisa Bertini, Carolina Belfiore y María Eugenia Farías son tres científicas tucumanas que han estudiado bacterias antiquísimas (de más de tres mil quinientos millones de años de antigüedad) llamadas "extremófilas", que solo pueden encontrarse en la puna argentina, y que se destacan, precisamente, por su capacidad de sobrevivir en ambientes como aquellos. Los organismos extremófilos han sido utilizados en aplicaciones medicinales (por ejemplo, el test de PCR de COVID-19 usa la enzima de un extremófilo), pero nunca habían sido utilizados en agricultura. Ellas observaron que, al incorporar algunas de estas bacterias a la soja, eran capaces de conferir tolerancia a la sequía y al estrés y, además, permitían reducir el uso de fertilizantes químicos; todo esto termina en un aumento del rendimiento de entre 10 y 15 %. Estos resultados llamaron la atención de la *company builder* GridX[55], que sumó al equipo al economista porteño Franco Martínez Levis como CEO de la empresa para dar nacimiento a Puna Bio. Ya están comercializando su primer producto (Kunza Bio) y,

---

[55] GridX, fundada por el emprendedor Matías Peire en el año 2015, es —según su propia definición— una aceleradora dedicada a transformar ideas científicas en *start-ups* "asombrosas". Todos los años analizan profundamente miles de proyectos basados en biotecnología de los cuales —después de un exigente proceso de selección— solo diez son elegidos.

en el año 2022, en su primera ronda de inversión, consiguieron inversiones por casi cuatro millones de dólares, lo que los convirtió en uno de los emprendimientos más destacados en la Argentina ese año.

Mientras las tucumanas de Puna Bio se han focalizado en los microbios extremófilos, otro equipo de investigadores —también tucumanos—, conformado por los doctores Ricardo de Cristóbal, Conrado Adler y Paula Vincent, por investigadores del Instituto Superior de Investigaciones Biológicas (INSIBIO) y por la doctora Sandra Durman, también de larga trayectoria en el sector, se ha focalizado en estudiar una categoría particular de microorganismos, conocidos como "halófilos", que son aquellos que viven en sustratos con altísimas concentraciones de sales. Este nuevo emprendimiento, identificado ahora como M4Life (por "microbios para la vida"), recibió en 2023 una inversión de doscientos cincuenta mil dólares del fondo de inversión SF500. Según el INTA, solo en la Argentina hay 770.403 km^2 de suelos salinos, sódicos y salino-sódicos, lo que representa el 27,6 % de la superficie del país. El principal impacto ambiental de esta tecnología consistiría en permitirnos aumentar la productividad de estos suelos y evitar así tener que seguir avanzando sobre ecosistemas vulnerables.

Tal como anticipó Jill Clapperton, estamos parados sobre un mundo desconocido, un mundo que esconde un sinnúmero de secretos, secretos que serán clave a la hora de responder al tremendo desafío que enfrentamos como humanidad. Con la contribución de tecnologías como la secuenciación del ADN y la IA, seremos capaces de identificar y conocer los microbios que habitan nuestros suelos, de comenzar a entender su función específica y, a partir de allí, de convertirlos en nuestros aliados de cara a nuestro recorrido hacia una agricultura regenerativa.

A la luz de todo lo que hemos venido desarrollando en este capítulo, debemos caer en la cuenta de que conocer el potencial biológico del suelo —lo que podemos identificar como "la salud del suelo"— será una de las áreas donde seguramente veremos más novedades en los próximos años.

5. La ganadería

a. El alambrado: un aliado de fierro —por ahora—

Después del *Martín Fierro* y de *La vuelta de Martín Fierro,* José Hernández escribió en su obra póstuma, *Instrucción del estanciero* —publicada en 1881—, que "la modificación de mayor consecuencia introducida en la industria rural había sido la de los alambrados". La expresión no llamaría la atención si no fuera porque hacía referencia a una innovación que había sido implementada por primera vez en 1846 en Chascomús por un inglés, Richard Blake Newton. Nuestro José Hernández comprendió rápidamente cómo el alambrado original iba a ser la herramienta fundacional para poder administrar esta relación ganado-pastura en una pampa que —hasta ese momento— no tenía límites.

Como si hubiese quedado atrapado por aquel alambrado que había instalado por primera vez, Richard B. Newton falleció debido a la epidemia de cólera en 1868, en la estancia Santa María, en Chascomús, y no pudo leer el reconocimiento que José Hernández le había hecho a su innovación. En honor a su fecha de nacimiento, todos los 15 de marzo se celebra el día del alambrador en Chascomús.

Curiosamente, otro gran escritor, en este caso Julio Verne, apenas unos años antes (1870), describe una innovación disruptiva: el uso de la electrificación como un arma defensiva en su libro *Veinte mil leguas de viaje submarino*. Tal como sucedió con muchos de otros anticipos visionarios de este gran escritor francés, tuvieron que pasar muchos años para que el mismo se hiciera realidad.

Lo que seguramente nadie imaginó es que la innovación anticipada por Julio Verne fuera capaz de complementar y actualizar aquel invento tan admirado por Jorge Hernández.

Las primeras cercas eléctricas para controlar el ganado comenzaron a utilizarse a principios de 1930 en los Estados Unidos, y la cerca eléctrica moderna (basada en la descarga de un condensador) fue patentada por Doug Phillips en Nueva Zelanda en 1962.

Esta tecnología llegó rápidamente a la Argentina y, gracias a ella, el alambrado otrora estático y rígido cobró vida para convertirse en el "boyero" eléctrico —un merecido homenaje a los responsables de cuidar la hacienda—. La expansión y difusión de esta tecnología no fue sencilla. Las primeras variantes demandaban estar conectadas a la red limitando su aplicación a localidades donde este servicio estaba disponible; luego, surgieron las alternativas que funcionan a batería, pero su recambio era engorroso, hasta que llegamos a las versiones actuales, que funcionan a base de energía solar. En mi experiencia personal, recuerdo los dolores de cabeza de mi cuñado sufriendo con las primeras implementaciones de esta tecnología, explicando a puesteros y peones el manejo de una tecnología completamente novedosa en su momento; un esfuerzo enorme de comunicación y capacitación. Como siempre ha sucedido, la adopción de nuevas tecnologías requiere de muchos años de aprendizaje y capacitación. Hoy, finalmente, podemos ver de qué manera el boyero transformó profundamente la actividad ganadera haciendo mucho más eficiente el uso de los recursos forrajeros y permitió aprovechar mejor los lotes facilitando la convivencia de la agricultura con la ganadería. En poco tiempo, se convirtió en una herramienta imprescindible para los productores; al menos hasta hoy.

De la mano de la revolución digital del agro está llegando a la ganadería una novedad tecnológica que promete liberar a nuestro ganado de la rigidez del alambre. Estamos hablando de una tecnología de uso habitual en los hogares: las cercas virtuales; todos hemos experimentado seguramente la tranquilidad de caminar frente a un enorme pit bull confiados en la combinación de un collar electrónico y un cable que nos mantienen a buen resguardo dentro de los límites de su terreno.

Imaginemos un campo sin alambrados, con la hacienda identificada con caravanas electrónicas munidas de tecnología Bluetooth y GPS capaces de proporcionarnos ya no solo la ubicación del animal, sino su temperatura corporal y su estado de salud general. Imaginemos que un pequeño porcentaje de estos animales tiene un collar electrónico capaz de emitir una señal cada vez que nuestro animal se aventura más allá de los límites predeterminados y que, además, funciona como una repetidora de wifi para enviar toda la información del rodeo en tiempo real a una estación que funciona como una puerta de entrada a internet.

Pues bien, podemos dejar de imaginarlo, y aunque parezca que estamos hablando de una película de ciencia ficción todo esto está sucediendo en Río Cuarto, Córdoba. Un matrimonio emprendedor, junto con su pequeño equipo, crearon una *start-up* identificada como Bastó y trabajan por una ganadería sin alambrados. En el verano de 2022, los primeros "embajadores Bastó" pudieron comenzar a experimentar esta tecnología.

Para muchos lectores seguramente no resulte fácil entender de qué manera una cerca virtual puede reducir significativamente el impacto ambiental de una actividad tan cuestionada como la ganadería. Muchos lectores seguramente pensarán que la principal responsabilidad del ganadero es encerrar al ganado en un lote y confiar en que el mismo engorde lo más rápidamente posible. Es importante que sepan que la interacción entre el ganado y el ambiente —típicamente, pero no exclusivamente, las praderas o pastizales— es —como todas las interacciones en los ecosistemas agropecuarios— compleja y delicada.

Si la cantidad de ganado es excesiva para una determinada superficie de terreno, obviamente el mismo no engordará lo suficiente —hasta llegar al caso, no poco frecuente, de perder kilos—, pero, además de este grave perjuicio económico, ello ocasionará un impacto en el ambiente y en la biodiversidad que puede llegar —en casos extremos— a la desertificación, nada menos. Más allá de las obvias presiones económicas de maximizar un recurso escaso, el pasto, también existe un componente ambiental —como siempre— y es que las exigentes vaquitas solo aprovechan con máxima eficiencia el pasto dentro de un rango estrecho de su ciclo biológico. ¿Qué sucede entonces cuando hay más comida que comensales? Lo mismo que sucede en la vida real: la comida se echa a perder y —por ende— no es aprovechable por la hacienda; entonces, el balance de especies vegetales del ecosistema pradera se deteriora rápidamente, las malezas —menos apetecibles para el ganado— terminan dominando y, de esta manera, la pretendida abundancia se convierte en escasez y el ganado sufre por la pérdida de calidad de la pastura. Nos encontramos con mucha vegetación, pero de mala calidad, que el ganado rechaza, y —otra vez— nos encontramos con el desperdicio de los recursos naturales.

Esta pretende ser una sencilla explicación de un balance complejo, pero, a fin de cuentas, el mensaje es que la próxima vez que veamos pastar una vaca en una pradera sepamos que hay una compleja interacción entre ella y el ambiente y que los ganaderos hacen sus mejores esfuerzos para administrar ambos recursos de la manera más eficiente posible con —la mayoría de las veces— limitada información.

Si sumamos a la cerca virtual de Bastó información satelital que nos indique dónde el pasto es más abundante o más nutritivo, podremos llevar a una nueva dimensión, donde ya no dependamos —exclusivamente— del ojo del amo, sino que sumemos millones de datos para ser capaces de llevar esta actividad aún profundamente artesanal a niveles tecnológicos propios de la revolución digital del agro. Como encontraremos a continuación, la ganadería es una de las actividades más cuestionadas por su impacto ambiental. Una de sus ineficiencias más evidentes es la eficiencia del recurso vegetal. Esta es precisamente una de los desafíos Bastó pretende solucionar.

Tal como sucedió en el pasado, no tengo dudas de que los productores argentinos seremos pioneros en la adopción de esta tecnología y sabremos cómo sacarle el máximo provecho a la misma. Estoy seguro de que, así como pasamos de aquellas barreras de siete hilos a los boyeros de un alambre, próximamente veremos pastar libremente a nuestro ganado controlados mágicamente por una tecnología invisible. Siento una enorme curiosidad por saber cómo bautizarán esta tecnología los productores argentinos.

b. Las vacas no tienen la culpa

A medida que —afortunadamente— la conciencia ambiental aumenta en nuestra sociedad, se hace más intenso el debate sobre el impacto ambiental de la ganadería. Aquellas idílicas vaquitas que nos daban la leche —y el dulce de leche— en nuestra infancia son ahora percibidas, al menos por parte de la sociedad, como dragones que escupen metano. En este capítulo voy a intentar aportar claridad a esta discusión y contarles de qué manera la revolución digital del agro puede contribuir a mitigarlo.

Según el último Inventario Nacional de Gases de Efecto Invernadero disponible, publicado en el 2020 dentro de la Convención Marco de la ONU sobre Cambio Climático, y conforme a los métodos sugeridos por el IPCC, el sector ganadero nacional contribuye en un 15 % a la generación total de gases de efecto invernadero, en su mayor parte provocados por las emisiones de metano provenientes de la fermentación entérica (los eructos) de los bovinos.

Este porcentaje es motivo suficiente para llamarnos la atención; sin embargo, es preciso entender que lo que definimos como "ganadería" agrupa una enorme variedad de modelos productivos con impactos potencialmente muy diferentes. En este sentido, como incluso el lector menos experto puede suponer, no es comparable el impacto ambiental de un modelo de ganadería intensiva confinada (tal es el caso de los *feedlots*), donde miles de animales conviven hacinados acumulando eructos, orinas y heces en pocos metros cuadrados, al de un modelo donde una animal pasa la mayor partes de su vida al aire libre con una dieta basada a pasto.

Otro aspecto a tener en cuenta a la hora de analizar el impacto ambiental de la ganadería consiste en hacerlo, no solo en términos absolutos, sino en función de la productividad lograda, es decir por kilo de carne producido. Como vimos anteriormente, utilizamos la huella hídrica para medir la cantidad de agua necesaria para producir un kilo de trigo, el mismo concepto aplica en este caso. Concretamente, aunque el impacto ambiental absoluto de la vaca pueda ser el mismo, no es lo mismo si produjo un ternero que si no lo hizo. He aquí otro ejemplo donde mejorar la eficiencia productiva es parte de la solución para mejorar el impacto ambiental de la ganadería.

La expectativa de un buen ganadero es que una vaca produzca un ternero al año; sorprendentemente, en la Argentina —donde nos jactamos de una fuerte tradición ganadera—, estamos muy lejos de ese objetivo: solo se destetan sesenta y dos terneros cada cien vacas. Este índice pone de manifiesto que, a nivel tecnológico, todavía hay muchas cosas que mejorar, es un número que nos interpela y que pone de manifiesto que hay muchas oportunidades de reducir el impacto ambiental aumentando la eficiencia ganadera.

Un tercer aspecto a considerar está vinculado con el origen de los ambientes ganaderos. Según el informe anual 2020 de Greenpeace sobre deforestación, en la última década la ganadería "fue la principal fuente de emisiones de carbono del norte argentino". El documento señala que en 2019 se desmontaron unas 80 938 hectáreas. En 2020, año de la pandemia, esa superficie creció hasta las 114 716 hectáreas, con emisiones de más de veinte millones de toneladas de CO_2 equivalente. En contrapartida, el informe "Carne argentina, carne sustentable", publicado por el IPCVA, señala que más de la mitad del rodeo bovino se concentra en la pampa húmeda, en las provincias de Buenos Aires, Córdoba y Santa Fe, una región donde prácticamente no hubo deforestación. Por lo tanto, es importante destacar que el impacto ambiental de una vaca pastando no es el mismo si lo hace en una pastura natural en la Pampa que si lo hace en un lote de desmonte en el norte argentino, por la simple razón de que en el primer caso no hubo, para su desarrollo, una alteración del entorno.

Finalmente, otro aspecto controvertido se encuentra en la capacidad de secuestro de carbono de la actividad ganadera. En el año 2019, un grupo de prestigiosos investigadores argentinos (Viglizzo, Ricard, Taboada y Vázquez Amábile) concluyó en que es posible secuestrar carbono en tierras de pastoreo en modelos de baja carga. Esta conclusión no es menor: pensar en poder aprovechar la potencial captura de carbono del sector es clave para cambiar la imagen de la ganadería.

Bajo este principio, existen organizaciones que impulsan modelos de ganadería regenerativa con la intención de recuperar los procesos vitales de los ecosistemas utilizando al herbívoro como su principal herramienta. Entre ellos, merece destacarse el caso del Instituto Savory, fundado por Allan Savory, un ecólogo y ganadero zimbabuense, creador del manejo holístico, un método para la gestión de los ecosistemas mediante el uso del ganado. Este sistema permite una mejor conservación y explotación de las pasturas al mismo tiempo que promueve la biodiversidad y permite modelos capaces de fijar CO_2. El nodo argentino del Instituto Savory, conocido como Ovis 21, tiene varios proyectos en marcha en Argentina, como el de Rincón de Corrientes, que desarrollaremos en profundidad más adelante. Asimismo, merece destacarse el caso de Ruuts, un emprendimiento que también se fundamenta en el manejo holístico de la ganadería y que está impulsando activamente programas que permitan que los productores sean remunerados durante la implementación de las actividades de regeneración en su campo gracias a la emisión de créditos de carbono, una temática que ampliaremos más adelante. A partir de estas iniciativas, entre tantas otras, nos encontramos con que, gracias a un manejo adecuado, la vaca puede contribuir a recuperar los ambientes degradados pasando de villana —un lugar al que nunca debió pertenecer— a heroína.

Frente a este escenario tan diverso y complejo, y donde aparecen tantos intereses en juego, es clave, como primera medida, medir el impacto ambiental de cada uno de los modelos ganaderos utilizando las metodologías más precisas y certificadas a nivel internacional. Una y otra vez: solo a partir de disponer de información precisa podremos aportar claridad a una sociedad cada vez más demandante y, a partir de dicha información, comenzar a realizar un recorrido hacia la ganadería más sostenible. Es por ello que resulta una excelente noticia la presentación de la calculadora digital de huella de carbono ganadera que presentó Plataforma Puma en la Expoagro 2023. Gracias a esta iniciativa, cada ganadero podrá calcular el impacto ambiental de su rodeo y, a partir de dicha información, comenzar un trabajo de mejora continua.

En resumidas cuentas, las vacas no tienen la culpa, es nuestra responsabilidad saber utilizarlas eficientemente y poder convertirlas en nuestras aliadas de una ganadería regenerativa.

c. El lujo de la carne

La dieta de los humanos ha sufrido notables cambios a lo largo de la historia y ha sido uno de los factores más determinantes de su evolución. Pasamos de una dieta a base de frutas, por parte de nuestros primos homínidos de vida arbórea, a una dieta a base de carne de nuestros primos cazadores de Cromañón, hasta llegar a la balanceada dieta paleolítica de nuestros antepasados cazadores recolectores.[56]

Con la llegada de la Revolución neolítica, los cereales se convirtieron en nuestro alimento esencial, a tal punto que representaban el 90 % de la dieta de nuestros antecesores de la antigüedad por una sencilla razón: una pequeña cantidad contenía el valor energético necesario para garantizar la subsistencia de un humano. Todas las grandes civilizaciones se sustentaron en su cultivo y, en buena medida, crecieron sobre él: tal fue el caso de la cebada en la Mesopotamia, el trigo y el centeno en Europa, el arroz en Asia y el mijo en África. No es casual que su nombre nos vincule a la diosa de la agricultura de la antigüedad romana: Ceres.[57]

---

56 La dieta paleolítica fue reconstruida por Eaton y Konner en una serie de artículos en los que analizaron la diversidad y composición de las dietas de los últimos grupos de cazadores y recolectores nómadas supervivientes. La dieta paleolítica tenía un 37 % de la energía derivada de proteínas, 41 % de carbohidratos, y 22 % de grasas, pero importantemente tenía una relación de grasas poliinsaturadas/saturadas favorable (1.4) y un contenido de colesterol muy bajo.

57 Arsuaga JL. Los aborígenes. La alimentación en la evolución humana. Barcelona: RBA Libros; 2003.

Miles de años después, los humanos del siglo veintiuno los seguimos cultivando, pero ya casi no nos alimentamos de ellos, lo hacemos —fundamentalmente— para alimentar nuestro ganado, a tal extremo que el 70 % de la superficie agrícola se destina a la producción de granos que serán usados como forraje.[58]

Sin embargo, como hemos mencionado tantas veces, gracias al éxito de la Revolución verde, la cantidad de alimento que producimos ha crecido sustancialmente —hoy producimos 40 % más alimentos que hace cuarenta años, aun si lo medimos per cápita[59]— y, por ello, se han vuelto más asequibles: en términos reales, alimentarse en la actualidad cuesta menos de la mitad que en 1960. El efecto no deseado —o uno de ellos— de esta abundancia es que consumimos mucho más de lo que deberíamos y los efectos están a la vista: nunca antes la humanidad sufrió de tanto sobrepeso; en otras palabras, nos hemos convertido en víctimas de nuestro propio suceso de producir alimentos baratos.

El caso de la carne en general y de las proteínas animales en particular es paradigmático. Antes de 1950, la proteína animal era un lujo que pocas personas podían permitirse. En aquel momento, el consumo de carne a nivel global era de 16 kg/hab/año. Cincuenta años después, el consumo alcanzó los 38 kg/hab/año y se estima que llegará a 51 kg/hab/año para el 2050.[60] Para esa fecha, la humanidad estará consumiendo tres

---

58   https://www.fao.org/3/a0701s/a0701s.pdf.
59   Aiking, H (2011) Future protein supply. Trends Food Sci Technol 22, 112—120. CrossRef Google Scholar.
60   Steinfeld, H., Gerber, P., Wassenaar, T., Castel, V., Rosales, M., & De Haan, C. (2006). *Livestock's long shadow: Environmental issues and options*. Rome, Italy: FAO.

veces más carne que la que consumían nuestros abuelos. Una sociedad cada vez más rica demanda más carne, y ello determina una tremenda presión sobre los ganaderos, primero, y, luego, sobre el ambiente —a tal punto que la ganadería se ha convertido en la principal responsable de la deforestación en el mundo y en Argentina, como mencionamos en el capítulo anterior—.

La producción de carne, especialmente la de origen bovino, es un proceso de producción de alimentos particularmente ineficiente. Criar un cerdo, una oveja, un novillo o un pollo, para luego sacrificarlo, tiene una eficiencia energética y de recursos mucho menor que si nos alimentamos de esos mismos recursos o si destinamos esa superficie a sembrar alimentos aptos para ser consumidos directamente; para profundizar en este tema, los invito a acercarse al libro de Aitor Sánchez García *Tu dieta puede salvar el planeta.*

Por si no queda claro, si comparamos la inversión de recursos para obtener un kilogramo de proteína animal y otro de proteína vegetal —de la misma calidad nutricional—, podemos observar que el primer proceso implica emisiones dieciocho veces superiores de CO_2, requiere diez veces más agua, nueve veces más combustible, doce veces más fertilizantes y diez veces más pesticidas.[61]

Mientras que se necesitan alrededor de mil litros de agua para producir un kilo de cereales, son necesarias veinte toneladas de agua para producir un kilo de carne bovina.[62] A fin

---

61 https://www.cambridge.org/core/journals/public-health-nutrition/article/div-classtitlethe-environmental-cost-of-protein-food choicesdiv/DB40E5C12D662913CC342D3C19F85F7D#.
62 Smil, V. (2002c). Worldwide transformation of diets, burdens of meat production and opportunities for novel food proteins. Enzyme and Microbial Technology, 30, 305e311.

de cuentas, una dieta vegetariana requiere un millón de litros de agua por persona al año mientras que una dieta carnívora más de dos millones.[63]

Y aquí nos encontramos con una particularidad dentro de este libro: si bien —como veremos— hay muchas tecnologías que nos permitirán producir carne de manera más eficiente, ninguna de ellas, al menos por el momento, nos permitirá reducir las emisiones de GEI a los niveles necesarios: en la producción de proteínas animales en particular no se anticipan innovaciones tecnológicas que nos permitan aumentar nuestra eficiencia productiva de manera suficiente. La única manera de reducir el impacto ambiental relacionado a la producción de proteínas animales es cambiar nuestros patrones de consumo y reducir nuestras dietas ricas en carne.[64]

Mientras ello sucede, cada día es más frecuente encontrarnos con alternativas —como hamburguesas— elaboradas a partir de proteínas vegetales. Mientras las primeras ofertas de estas categorías evitaban evidenciar su contenido, la *start-up* chilena NotCo ha basado su comunicación en, precisamente, definirse por la negación; para no dejar ninguna duda al respecto, sus hamburguesas se denominan NotMeat. ¿Estamos hablando —solo— de proteínas vegetales? En absoluto, NotCo utiliza IA para "crear" alternativas basadas en plantas capaces de sustituir productos de origen animal. La tecnología revolucionaria de la empresa tiene el potencial

---

63 Smil, V. (2000). Feeding the world: A challenge for the twenty-first century. Cambridge (MA), USA: MIT Press.
64 Garnett, T (2011) Where are the best opportunities for reducing greenhouse gas emissions in the food system (including the food chain)? Food Policy 36, Suppl. 1, S23—S32.CrossRef Google Scholar.

de transformar la industria alimenticia al permitir que las personas puedan comer de manera más sostenible, pero sin sacrificar el sabor. Los productos de NotCo tienen un impacto ambiental mucho menor que sus contrapartes de origen animal y su objetivo es lograr que la alimentación basada en plantas se convierta en el estándar del mercado. Fundada en el año 2015 por los tecnólogos chilenos Matías Muchnick, Pablo Zamora y Karim Pichara, fue reconocida como una de las diez empresas más innovadoras de Latinoamérica del 2021 por la publicación *Fast Company*. Esta estrategia no ha estado exenta de contratiempos: en mayo del 2023, la justicia chilena condenó a NotCo por "competencia desleal" y le prohibió el uso de la marca NotMilk, así como imágenes de vacas y cualquier referencia a la industria láctea alegando que la empresa "representa por diferentes vías que la leche sería perjudicial para la salud y que su producción contribuiría a la contaminación del ambiente, a diferencia de su producto". En 2024, la empresa logró revertir este fallo con un dictamen que destaca que "se advierte un importante esfuerzo por informar acerca del origen de la compañía y sus productos, diferenciándose de aquellos de origen animal". La decisión final quedó en manos de la Corte Suprema.

Y, en "el país de la carne", apenas unos años después —en marzo del 2018—, César Belloso, ingeniero agrónomo y expresidente de AAPRESID, junto con su hijo Agustín Belloso (abogado), Guillermo Lentini (ingeniero químico) y Gonzalo Segovia (veterinario) fundaron Tomorrow Foods. A la fecha, ya ofrecen productos para reemplazar proteínas de carne, leche y huevo a partir de proteínas vegetales. Mientras los chilenos de NotCo hacen un fuerte esfuerzo para posicionarse como una marca saludable, Tomorrow Foods, basada en una fuerte inversión industrial y en el desarrollo de una red de productores agropecuarios, apuesta a un modelo B2B y a convertirse en proveedor de las grandes marcas de alimentos.

Ahora, crucemos el océano; mientras NotCo y Tomorrow Foods sueñan con reemplazar las ambientalmente costosas —pero indudablemente sabrosas— proteínas animales por vegetales, Moolec nos ofrece una propuesta más disruptiva: proteínas animales producidas por vegetales. Nacida en el Reino Unido en 2008, Moolec es una *foodtech* centrada en la producción de proteínas animales a partir de plantas genéticamente modificadas. Su innovación más reciente es una soja genéticamente modificada capaz de producir una proteína idéntica a la del cerdo. En lugar de alimentar a los cerdos con la soja que producimos, la promesa de Piggy Sooy —tal es la marca de esta reciente innovación— es que podamos disfrutar de una deliciosa salchicha alemana creyendo que fue producida a partir de cerdo, pero sabiendo que proviene de un cultivo de soja. Reafirmando su liderazgo en biotecnología, en abril del 2021, Bioceres se convirtió en el socio mayoritario de Moolec. En *La revolución digital del agro* hicimos referencia a la resistencia que un segmento de consumidores opuso a la biotecnología como herramienta en la producción de alimentos, citando la experiencia de Monsanto en el pasado y Bioceres y su trigo HB4 en la actualidad. La aprobación por parte del Departamento de Agricultura de los Estados Unidos (USDA) de esta innovación el 22 de abril del 2004 disparó la acción de Moolec un 78 % en el Nasdaq. ¿Anticipa esto una reacción positiva de los consumidores? ¿Cuál será la reacción de aquellos detractores frente a un beneficio ambiental tan contundente?

Para terminar, ¿cuántos de nosotros —recalcitrantes carnívoros— hubiéramos aceptado consumir una hamburguesa "veggie" apenas unos años atrás? En el año 2022, la Facultad de Agronomía llevó a cabo junto con el INTA un estudio donde se analizó la respuesta del consumidor a la mezcla de ingredientes de leguminosas en alimentos tradicionales a base de carne en formato de medallones *blend* y los factores que influyen en su aceptabilidad, evaluando el estilo de vida individual y las diferencias motivacionales[65]: el resultado arrojó que un 80 % de los consultados se mostró receptivo a una hamburguesa con el agregado de proteínas de leguminosas. Dentro de los motivos para hacerlo, el principal factor fue "salud y bienestar", seguido por "nutrición", "conciencia animal", "conciencia ambiental" y "diversificar la dieta". Y esto es apenas el comienzo, no hay dudas de que la tecnología contribuirá a "diseñar" productos cada vez mejores.

¿Llegará el día donde no podamos diferenciarlas? Suena imposible, sin embargo, Pat Brown, CEO de Impossible Foods, la primera empresa del mundo en lanzar una hamburguesa vegana, la cual logró un acuerdo comercial con Burger King en 2019, nada menos, sostiene: "A diferencia de la vaca, nosotros mejoramos cada día la manera de hacer carne".

Un cambio de tendencia hacia dietas con mayor contenido de proteínas vegetales y menos proteínas animales aparece como inevitable, ya sea por razones medioambientales, por un aumento de los precios o, más probablemente, por una combinación de ambas. No podemos perder de vista que, más allá de los cambios que se realicen a nivel tecnológico, de los novedosos y hasta a veces mágicos avances producto de

---

[65] https://www.engormix.com/ganaderia-carne/articulos/estudios-consumidores-evaluar-percepcion-t50387.htm.

la IA —cuestiones que abordamos con pasión, como resulta evidente—, el impacto en el ambiente dependerá, en gran medida, del alcance del cambio en la dieta.

Una investigación sostiene que, si los consumidores de los países desarrollados redujeran su ingesta total de proteínas apenas en un tercio y reemplazaran la carne de producción intensiva por productos proteicos de origen vegetal o por carne producida a pasto, la mayoría de las tierras agrícolas de primera calidad actualmente utilizadas para cultivos forrajeros (cuatrocientos millones de hectáreas en todo el mundo, aproximadamente igual a la superficie de la UE-27) podrían liberarse y quedar disponibles para biodiversidad y/o biomasa, con beneficios adicionales para el bienestar animal y la salud humana.[66]

No obstante, las implicancias y el impacto de estos cambios de tendencias son realmente difíciles de predecir, las opiniones están encontradas y las predicciones varían dramáticamente: al comienzo de este capítulo, mencionamos un estudio de la FAO que sostiene que el consumo de carne per cápita seguirá creciendo, mientras que el *think tank* RethinkX anticipa una reducción del 90 % del negocio de la carne —atención, solo en los Estados Unidos—. Predecir los cambios de tendencia de los consumidores definitivamente no es sencillo.

Ahora centrémonos en otro aspecto del consumo: el 17 de octubre de 1992, en el periódico *The Austin American-Statesman* de

---

66 Aiking, H., De Boer, J., & Vereijken, J. M. (2006). *Sustainable protein production and consumption: Pigs or peas?* In: *Environment & policy, Vol. 45.* Dordrecht, The Netherlands: Springer.

Austin, Texas, la reportera Linda Anthony escribió un artículo titulado "Acorn sirve comida 'flexitariana'", el cual trataba de la reciente apertura del nuevo Acorn Café donde su propietaria, Helga Morath, denominaba a su comida con esta novedosa expresión. Seguramente, jamás imaginaría la repercusión de la misma, a tal punto que, en 2003, la American Dialect Society la eligió como la palabra más útil del año. A partir de allí, esta expresión se utiliza para identificar a aquellos consumidores que consumen carne ocasionalmente, una tendencia social en constante crecimiento.[67] Personalmente, reconozco que me sería difícil abandonar los asados, con todo lo que ello significa, pero acepto que puedo limitarlos a los fines de semana. Si a ello le sumamos el aporte de productos innovadores a base de proteína vegetal que nos hagan extrañar menos la carne, no tengo dudas de que podremos afirmar que nuestra dieta también puede ayudar a salvar el planeta.

---

67 https://www.bbc.com/mundo/noticias-45825113.

6. La economía circular

a. El agro y la economía circular

Desde muy pequeño, la economía del campo me despertó una fascinación profunda. Mucho, muchísimo antes de que conceptos como economía circular fueran habituales, me maravillaba cómo en el campo se vivía en armonía con la naturaleza. Me apasionaba comprobar cómo el maíz se transformaba en pollos y luego en huevos y cómo los marlos mantenían encendidas las cocinas económicas y nos calentaban en salamandras de hierro forjado. Las vacas se ordeñaban bien temprano para darnos una leche tibia que se convertía —con toda su nata (me pregunto cuántos lectores comprenderán esta palabra)— en manteca, en quesos y —luego de interminables horas de cocción— en dulce de leche —aquí sí, verdaderamente casero—. La bosta, lejos de ser una expresión vinculada a un club de fútbol, era un preciado abono para las huertas que nunca faltaban y —todos lo sabíamos— la mejor manera de conservar la fertilidad del suelo era rotarlo con pasturas.

Cuando en la ciudad nos enorgullecemos porque nos estamos habituando a reciclar y porque la práctica del compostaje o las huertas urbanas comienzan a hacerse más frecuentes, el campo nos entrega a diario miles de ejemplos que demuestran que la economía circular en gran escala es posible.

Hoy en día, los granos se siguen transformando en carne, en leche y en huevos, solo que ahora lo hacemos cada vez en mayor escala y con mucha mayor eficiencia. En el pasado, por ejemplo, el criterio para la alimentación del ganado, de los cerdos o las gallinas dependía fundamentalmente del "ojo del amo"; en la actualidad, no son pocos los que alimentan a sus animales con la ayuda de programación lineal y herramientas de IA.

Antes, los marlos alimentaban las viejas cocinas económicas; hoy, no solo los marlos, sino toda la planta de maíz (menos la semilla, por supuesto) se convierte en energía de la mano de emprendimientos argentinos como Seeds Energy, que desde el año 2017 en sus plantas de Pergamino y Venado Tuerto recibe los residuos de la industria del maíz para convertirlos en energía eléctrica renovable para un país que la demanda con premura. Ese mismo año, en Pérez Millán, una pequeña localidad de la provincia de Buenos Aires, el frigorífico ArreBeef construyó —según ellos mismos declaran— la primera planta del mundo capaz de generar energía renovable a partir de los residuos orgánicos del proceso productivo de la industria frigorífica. Por medio del tratamiento eficiente de los residuos orgánicos del frigorífico, consiguen reducir las emisiones de gases de efecto invernadero y aportar energía renovable a la red eléctrica nacional.[68]

---

68 A partir de un biodigestor de 5000 m³, los residuos orgánicos se transforman en biogás, combustible que hace funcionar un motor de cogeneración. Este motor convierte el metano (CH4) del biogás en energía eléctrica, con la capacidad de entregar 1,5 MW/H de potencia, equivalente al consumo eléctrico de siete mil habitantes. De esta manera, transformando residuos en electricidad y aprovechando la energía térmica, se evita la emisión a la atmósfera de más de tres mil doscientas toneladas de dióxido de carbono (CO_2) por año.

En ambos casos (Seeds Energy y ArreBeef), el residuo generado se utiliza como fertilizante orgánico completando de esta manera un fascinante ejemplo de economía circular.

De esta manera, resulta interesante ver cómo las tan difamadas vacas no solo contribuyen aportando energía y fertilizantes a partir de los residuos de la industria frigorífica, sino también cómo los residuos de la industria del cuero pueden ser utilizados para producir fertilizantes orgánicos. Este es el caso de Biovita Sudamericana, un proyecto que surge de la iniciativa de un emprendedor/empresario de la industria química, Claudio Medin, que junto con un ingeniero químico investigador, Carlos Cantera (con vasta experiencia en el hidrolizado de colágeno para diferentes aplicaciones, que trabajó más de treinta años en el INTI, Instituto Nacional de Tecnología Industrial), se propusieron elaborar fertilizantes y bioestimulantes a partir de desechos de proteína de colágeno de origen animal inspirados en productos que se hacen en Italia. En 2016, se sumó al equipo Ana García Zecchin y, en 2017, se incorporó un socio estratégico clave: Sades S. A., uno de los cinco jugadores mundiales dentro de la industria curtidora, con plantas en Uruguay, Paraguay, Tailandia y, próximamente, en Vietnam. En el año 2022, Biovita Sudamericana puso en operación su planta industrial de Berazategui con una capacidad de producción de veinticinco mil litros de fertilizantes orgánicos.

En un reciente informe conjunto del INTA y del Ministerio de Agricultura, se publicaron los resultados de un relevamiento realizado entre 2020 y 2021 para conocer la real dimensión de las plantas de biogás en la Argentina. El trabajo dio como resultado la identificación de veintisiete plantas en funcionamiento, con volúmenes superiores a 1000 m^3 de reactor. Se trata de enormes reactores que procesan los desechos biológicos y los convierten en energía limpia y en biofertilizantes gracias a la gestión de solícitos microbios, generando, además, puestos de trabajo genuinos en las comunidades donde operan. Si tenemos en cuenta que en Europa hay más de veinte mil plantas de este tipo transformando los desechos de la agroindustria en energía eléctrica limpia y en biofertilizantes —ambos recursos estratégicos—, el potencial de crecimiento que tiene la industria del biogás en nuestro país es enorme.

Más temprano ya desarrollamos cómo los molestos y desagradables bidones de plástico comienzan a desaparecer del paisaje gracias a Campo Limpio, una fundación impulsada y financiada por la propia industria.

Los molestos residuos de los silobosas son otros de los problemas por resolver. Dentro de las múltiples iniciativas que pretenden hacerlo, se destaca el esfuerzo de la Cooperativa Guillermo Lehmann, de Pilar, una localidad del centro santafecino, que desde hace tres años recupera dichos plásticos y los recicla en la planta que la Asociación de Cooperativas Argentinas (ACA) tiene en Cañada de Gómez. El 100 % de lo producido de la venta es donado a los bomberos voluntarios de Pilar y de San Agustín, otra localidad donde tiene presencia la cooperativa. Otro caso que vale la pena mencionar, de menor escala, pero de mayor valor agregado, es el de Siclo Rural, una empresa B certificada que los convierte en carteras *fashion* que se comercializan vía internet.

Lo maravilloso de esta historia —que recién comienza— es que el agro no solo recicla sus propios residuos, sino que —cada vez más— aprovecha y reutiliza los desechos de otras industrias. Entre ellas, Reciqlo, es una de las más disruptivas.

Estos jóvenes emprendedores —merced a un acuerdo con la municipalidad de San Isidro— recuperan y procesan el vidrio para luego comercializar este subproducto como corrector de suelos y mantillo para impedir la proliferación de las malezas. O el caso de la apasionante historia de Smartfoil, el cual abordaremos en el próximo capítulo.

Mucho antes de que palabras y conceptos como economía circular, bioeconomía y sostenibilidad fueran habituales, nuestros abuelos utilizaban todos y cada uno de los recursos en armonía con la naturaleza. Hoy, sus nietos no deberíamos olvidar la lección y, en cambio, deberíamos tener muy presente que solo somos temporales administradores de la tierra y que nuestra obligación es devolverla a nuestros hijos en mejores condiciones que como la recibimos.

b. Nada se pierde, todo se transforma

Francisco es el responsable de operaciones de la fábrica de levaduras de Lesaffre Argentina; mientras observa los crecientes volúmenes de residuos orgánicos producto de la fábrica de levadura, se convence de que tiene que encontrarle un destino: no concibe la idea de desaprovechar toda esa montaña de material que podría aprovecharse como fertilizante biológico. Estamos en el año 2010 y todavía no se habla de economía circular.

Alejandro, por su parte, se encuentra en Cañuelas haciendo ensayos —casualmente— con fertilizantes biológicos cuando le llama la atención un olor fuerte e inconfundible, por lo que decide acercarse hasta el origen del olor, donde conoce a Francisco.

Arturo es socio de Alejandro y es un incansable buscador de oportunidades en el agro al que siempre le gustaron los desafíos: desde sus primeras experiencias como vendedor estrella de semillas Asgrow (en una época donde Dekalb era la marca casi excluyente) hasta ser convocado por el inolvidable Ángel Noli para sumarse al proyecto ALZ Semillas, una empresa focalizada en el desarrollo y la comercialización de marcas de semillas alternativas.

Arturo, Alejandro y Francisco aceptan que fueron unidos por el "olor". A partir de aquel encuentro circunstancial, decidieron comenzar a trabajar juntos: Alejandro y Arturo estaban convencidos de que podían darle a Francisco la solución que estaba necesitando y que era posible aprovechar esa montaña de residuos y convertirla en algo valioso para los productores agropecuarios.

Después de muchos meses de desarrollo, ese sueño se había convertido en realidad y así nacía el fertilizante biológico Smartfoil. Dos años después de aquel encuentro, ALZ Semillas ya vendía doscientos ochenta mil litros del producto resultante de la transformación de los residuos de la producción de levaduras. Hoy, pocos años después, Smartfoil, uno de los primeros productos de la economía circular del agro, se ha convertido en unos de los productos biológicos más exitosos de la Argentina, con más de un millón de litros vendidos anualmente; además, se exporta a Brasil, donde es comercializado nada menos que por Syngenta.

La pasión por reciclar del equipo de ALZ Semillas no se detuvo aquí y siguió buscando nuevas oportunidades bajo este novedoso concepto: transformar y vender lo que otros generan como subproductos en sus procesos productivos. A través de un amigo en común, fueron contactados por la Cervecería y Maltería Quilmes para solucionar la disposición de un residuo del proceso de malteado —un proceso biológico clave en la producción de la cerveza—. En este caso, el principal desafío consistió en encontrar a los futuros consumidores de este producto, y la oportunidad la encontraron en la ganadería, donde comprobaron que ese subproducto era un excelente suplemento líquido para el ganado bovino en engorde. Para poder comercializarlo, fue necesario vincularse con una gran cantidad de *feedlots* para comunicarles los beneficios de este novedoso producto.

Aquel encuentro fortuito impulsado por el olor y el sueño de Arturo y Alejandro se convirtió en una unidad de negocios completamente independiente: ALZ Nutrientes se ocupa de brindar soluciones nutricionales innovadoras para el agro moderno y, desde sus modernas instalaciones en la localidad de Lima, en la provincia de Buenos Aires, abastece a un mercado en franco crecimiento.

ALZ Nutrientes se ha convertido hoy en uno de los más acabados ejemplos del concepto de la economía circular en el agro, donde casi la totalidad de productos que comercializan tiene su origen en residuos de procesos industriales. Para ellos, el concepto de economía circular no es una declaración marketinera, es una manera de hacer negocios y una verdadera pasión por transformar un residuo en productos de alto valor y calidad, razón por la que son conocidos como "los cartoneros del agro", con el mayor de los respetos. Los aportes en este territorio permitieron que ALZ Agro fuera reconocida en el año 2023 como la compañía de agricultura más destacada en materia sustentable en América Latina por la prestigiosa revista *Agri Business Review,* una publicación que está a la vanguardia en la identificación y ponderación de procesos y soluciones en el sector agrícola.

Es esa clara vocación por regenerar la que le permite a ALZ nutrientes una mirada innovadora sobre cuestiones que suelen pasar desapercibidas para la mayoría de nosotros. Se trata de un equipo preparado y dispuesto a asumir riesgos. Donde antes no se hacía nada, ellos generan oportunidad y trabajo. Cuando eso sucede, la economía, además de ser circular, también se transforma en virtuosa.

7. La comida que no comemos

Para todos aquellos que ponemos tantos esfuerzos y tanta pasión en producir alimentos, descubrir que el 17 % de la producción global termina en la basura es un dato que nos interpela profundamente.[69]

Esta situación se torna escandalosa cuando comprobamos que, además de las pérdidas materiales, el desperdicio de alimento representa entre un 8 y un 10 % de las emisiones globales de GEI y que, si el desperdicio de alimentos fuera un país, sería el tercer mayor emisor del planeta, solo detrás de China y los Estados Unidos.

Hasta aquí nos hemos focalizado en cómo producir más alimentos y, sobre todo, en cómo hacerlo de una manera más sostenible. En este capítulo vamos a poner la atención en un aspecto al cual muchas veces no le prestamos suficiente atención en el campo: vamos a focalizarnos en la comida que NO comemos y vamos a ocuparnos de explicar cómo las nuevas tecnologías digitales nos ayudarán a reducir el desperdicio de comida y, por lo tanto, su impacto ambiental.

---

69 https://www.bbc.com/mundo/noticias-56322961#:~:text=Se%20calcula%20que%20un%2017,en%20el%20hogar%20es%20sustancial.

Una de las enseñanzas más fuertes que recibí de mis padres fue no dejar nunca comida en el plato, una impronta indeleble de una generación marcada por la escasez. Seguramente por ello, comprobar que el 61 % de este desperdicio de alimentos proviene de los hogares pone de relevancia la importancia de reforzar aquella enseñanza y —además— es un fuerte mensaje para que todos prestemos mucha más atención a esa banana que, tras llevar días en tu cocina, se puso negra.

Muchas veces pensamos que, una vez concluida la cosecha, nuestra tarea productiva ha terminado. Nada más alejado de la realidad. En un pasado cercano, el productor no tenía más opción —una vez terminada la cosecha— que entregar los granos a su acopiador de confianza. Desde hace relativamente poco tiempo, gracias a los silobolsas (un invento argentino), cualquier productor agropecuario puede almacenar su producción en estos chorizos gigantes de plástico y esperar las condiciones más favorables para decidir el momento apropiado para venderlos. Sin embargo, este enorme beneficio conlleva algunos riesgos: la efectividad de los silobolsas depende de la calidad del proceso de embolsado. Si las condiciones de este proceso no respetan ciertas condiciones técnicas —como humedad, temperatura y anaerobiosis—, el grano puede deteriorarse rápidamente y echarse a perder. Un detallado informe del INTA estimó que las pérdidas por calidad pueden alcanzar hasta el 3,3 % de la mercadería almacenada[70].

Precisamente para evitar estas pérdidas, una grupo de *start-ups*, como SiloReal, IOF, Wiagro o Silcheck, han desarrollado soluciones que permiten monitorear —en tiempo real—

---

70 https://inta.gob.ar/sites/default/files/script-tmp-inta_monitoreo_de_silobolsas_mediante_la_medicin_de_c.pdf.

el estado de los granos almacenados. Gracias a sensores instalados en los mismos silobolsas, nos pueden informar, directamente a nuestros celulares, cuando la mercadería se está echando a perder, por lo que resulta necesario actuar rápidamente. Estos mecanismos también sirven para informarnos de otra irracionalidad de los tiempos que corren, el vandalismo, que también contribuye a desperdiciar alimentos en un país donde un gran porcentaje de sus niños no tienen la oportunidad de recibir una alimentación adecuada.

Ahora dejemos por un lado las pérdidas en los silobolsas y sigamos avanzando a lo largo de la cadena agroindustrial. Nuestro grano deja los silobolsas y viaja hacia las plantas de procesamiento industrial.

La industria TIC (por sus siglas en inglés: *testing, inspection and certification*) tiene como objetivo garantizar que los productos, las infraestructuras y los procesos cumplan con los estándares y las regulaciones requeridos en términos de calidad, salud, seguridad, protección ambiental y responsabilidad social para así reducir el riesgo de fallas, accidentes e interrupciones. Del mismo modo, desempeñan un papel clave para ayudar a los gobiernos a proteger a los consumidores contra productos peligrosos. Esta industria representa en la actualidad un negocio de veintiséis mil millones de dólares anuales exclusivamente para el segmento del movimiento de granos y alimentos y se sostiene —fundamentalmente— en la tarea de peritos clasificadores de granos. Son estos profesionales quienes determinan —a partir de una inspección ocular de una muestra— si el grano cumple con los requisitos necesarios para su comercialización.

Toda esta oferta declamatoria y esta pretensión por asegurarnos la tan esperada calidad de los alimentos contrasta con una limitación tecnológica: las herramientas utilizadas para validar la calidad de los alimentos son —todavía— mayoritariamente subjetivas. No deja de ser llamativo, en pleno siglo XXI, que un enorme porcentaje del control del comercio de granos descanse sobre las espaldas (y la subjetividad) de tales peritos. Por supuesto que los análisis de laboratorios siguen siendo un imprescindible elemento de control y verificación, pero los procedimientos analíticos son caros y, fundamentalmente, lentos.

Por ello es que esta es una de las áreas donde la llegada de la revolución digital del agro presenta una enorme oportunidad para permitirnos conocer con precisión, objetivamente y —sobre todo— a bajo costo qué es lo que estamos comiendo a fin de ofrecerles a los consumidores la respuesta que ellos están esperando.

Veamos algunos ejemplos: la misma tecnología que utiliza Facebook para "etiquetarnos" —conocida como *computer vision*— nos permite mediante un simple *scan* —que solo demanda unos pocos minutos— identificar con absoluta precisión la variedad del grano que está llegando a un acopio. En el caso de la industria de la cerveza, por ejemplo, la variedad de la cebada es absolutamente determinante para la calidad de la cerveza, de la misma manera que la variedad del trigo lo es para la calidad de la harina. ¿Cómo podíamos reconocer en el pasado cercano las distintas variedades de cebada en la recepción de un acopio? La única alternativa era recurrir a un análisis químico conocido como PCR (cuyas siglas, en inglés, refieren a "reacción en cadena de la polimerasa"), conceptualmente el mismo test al que teníamos que recurrir para la detección de COVID-19. Imaginemos la cola de camiones esperando el resultado del PCR para poder descargar su mercadería. Los jóvenes emprendedores argentinos de ZoomAgri —un caso que ya mencionamos en *La revolución digital del agro*— han desarrollado esta revolucionaria tecnología que hoy es utilizada por la gran mayoría de las plantas que reciben cebada en todo el mundo.

Otro ejemplo donde existe una creciente y justificada demanda por conocer la calidad de nuestros alimentos son las micotoxinas. Se trata de toxinas naturales producidas por algunas especies de hongos que pueden estar presentes en los alimentos tales como cereales, frutos secos, especias, frutas desecadas, manzanas y granos de café, generalmente en entornos cálidos y húmedos. La presencia de micotoxinas suponen un grave peligro para la salud humana y del ganado y dichos efectos pueden ser de carácter agudo (intoxicación) o crónico (inmunodeficiencia y cáncer).

Actualmente, los análisis de micotoxinas se llevan a cabo en laboratorios especializados y suponen un reto extraordinario para los laboratorios analíticos. Matrices complicadas, contaminación extendida de forma no homogénea o niveles muy bajos son solo algunas de las dificultades que se deben vencer: elegir el método analítico y preparar la muestra adecuadamente no es tarea sencilla. Tan compleja es la tarea que, en la actualidad, son pocas las industrias que monitorean rutinariamente la presencia de micotoxinas en las materias primas que utilizan.

Una tecnología particularmente prometedora para el desarrollo de test rápidos y precisos que permitan identificar la presencia de micotoxinas en los alimentos a campo es la tecnología CRISPR, la misma tecnología que nos permite cambiar o "editar" piezas del ADN de una célula.

Imaginemos, por ejemplo, un futuro cercano donde un rápido test a campo —tan sencillo y económico como un test de embarazo— nos permita conocer la calidad de nuestra producción de maíz y nos permita poder enviarla con total tranquilidad a la planta de producción de harina de maíz. ¿Ciencia ficción? ¡En absoluto! Este es precisamente el sueño de Limay Biosciences, que está trabajando en el desarrollo de plataformas basadas en este tipo de tecnologías disruptivas.

Esta empresa, fundada por los científicos Marcelo Kauffman y Dolores González Morón —los primeros en secuenciar ADN en la Argentina— y por el emprendedor Federico Scagliotti, que comenzó a dar sus primeros pasos a mediados del 2020, ya ha logrado, junto con Bioceres y Wiener labs, desarrollar un kit de detección del trigo HB4 que arroja resultados de máxima precisión en menos de una hora; también han desarrollado un kit rápido para la empresa de biotecnología Tecnoplant para reconocer una determinada variedad de papa creada por ellos.

Asimismo, ha comenzado a incursionar en el campo de la salud humana y ya tiene en proceso de producción final un dispositivo —del tamaño de una mano— para la detección del dengue, un estudio que en la actualidad lleva días y cuya celeridad es fundamental para el tratamiento de la enfermedad: nada mal para una empresa que recién cumple tres años y que promete, a fuerza de resultados, lograr avances solo soñados —y hasta inventados por el resonante caso de Theranos— hasta hace muy poco.

La experiencia reciente en nuestra lucha contra el COVID-19 demostró la importancia fundamental de disponer de test rápidos y económicos para detectar los focos tempranos y poder aislarlos de inmediato. Claramente, el mismo principio aplica en la producción de alimentos. Solo a partir del desarrollo de test rápidos y económicos los agricultores podremos ofrecer la calidad de alimentos que los consumidores demandan.

Seguimos nuestro recorrido a lo largo de la cadena agroindustrial y llegamos a los mercados, el lugar de encuentro entre compradores y vendedores; donde el soporte tecnológico que soporta sus operaciones sigue siendo hasta el día de hoy —fundamentalmente— analógico.

En el Mercado Central de la ciudad de Buenos Aires se encuentran y transaccionan todos los días más de novecientos mayoristas y se comercializan 1,27 billones de kilos de frutas y vegetales por año. ¿Dónde y cómo se registran los millones de operaciones que se llevan a cabo diariamente allí? Aunque pueda parecer increíble: en simples notas de papel ("las comandas"). Esta es la oportunidad que el equipo de Tibó pretende solucionar con una aplicación digital capaz de registrar todas y cada una de las transacciones de los mayoristas con el propósito de permitirles planificar mejor sus compras, manejar mejor sus inventarios y, fundamentalmente, anticipar los excedentes. Cuando pensamos que la diferencia entre basura y comida es muchas veces solo cuestión de horas, y cuando comprobamos en la Argentina un 30 % de las frutas y un 40 % de hortalizas se pierden o se desperdician[71], no tengo dudas en compartir la pasión y la confianza que transmite el equipo de Tibó por este proyecto.

Llegamos finalmente a las góndolas, donde la comida se nos ofrece impecable, pero donde se genera nada menos que un 13 % de los desperdicios, mayormente (siempre según el mismo estudio) a causa de la ruptura de la cadena de frío. Algo desgraciadamente tan conocido por todos: quién no ha sufrido la desagradable sorpresa de regresar a casa después

---

71 https://www.argentina.gob.ar/noticias/un-proyecto-sustentable-que-reduce-el-desperdicio-de-alimentos-y-reutiliza-los-residuos.

de unas vacaciones y comprobar que la heladera ha dejado de funcionar. Imaginemos ahora esta situación a nivel de las grandes heladeras de los supermercados y de los mercados de conveniencia. En este caso, el problema es doblemente grave, pues aquí no solo cuenta el desperdicio de alimentos, sino el riesgo que representa consumir alimentos en mal estado. Según un estudio de la FAO, más de seis millones de personas sufren severas enfermedades por consumir alimentos en mal estado siendo la cadena de frío la principal causa por defectos en la calidad de los productos; de ellos, más de cuatrocientos mil mueren.[72]

Precisamente, esta es la oportunidad que están resolviendo los emprendedores rosarinos de Sensify. A partir del desarrollo de sofisticados sensores IoT, son capaces de detectar y anticipar el momento cuando la heladera comenzará a fallar y enviarnos una alerta que nos permita tomar una acción al respecto.

Como destacamos al comienzo de este capítulo, un 17 % de los alimentos que producimos se desperdician por ineficiencias de la cadena industrial. Ello representa nada menos que entre un 8 y un 10 % de todas las emisiones de GEI de la humanidad.

A lo largo de estas páginas, hemos hecho hincapié en poner de manifiesto algunas de las múltiples ineficiencias de la cadena agroindustrial y hemos visto cómo hay tecnologías disponibles para solucionarlas, al menos en buena medida. A esta altura del libro, creo que no quedan dudas del esfuerzo que exige para los agricultores y para el ambiente producir alimentos, en la actual encrucijada de la humanidad, desperdiciarlos es un privilegio que no podemos permitirnos.

---

[72] https://www.fda.gov/consumers/articulos-para-el-consumidor-en-espanol/esta-almacenando-los-alimentos-en-forma-segura.

8. ¿Son sostenibles los biocombustibles?

En 1898, el ingeniero alemán Rudolph Diesel presentó en París su gran creación: un motor de combustión interna basado en la autoignición del combustible. Lo que seguramente pocos sepan es que lo hizo funcionar con aceite de maní, lo que nos permite afirmar que el primer motor diésel de la historia funcionó gracias a un combustible producido a partir de un producto agrícola o agro-combustible; o, como se definiría mucho años después, un biocombustible.

Más allá de esta experiencia temprana, a partir de allí los motores de combustión fueron alimentados —en su inmensa mayoría— por combustibles fósiles producidos a partir de recursos naturales no renovables y se han convertido en los grandes responsables de la emisión de GEI de los últimos años.

Impulsado por el incremento de los precios de los combustibles de origen fósil así como por aspectos vinculados con el abastecimiento del petróleo —y, debemos ser honestos, en menor medida por cuestiones ecológicas que aún no ocupaban un gran lugar en la agenda de las naciones—, hacia finales del siglo XX se desarrolló un sostenido impulso por el desarrollo de biocombustibles en gran escala. De esta manera, planes de promoción estatales que obligaban a una mezcla de combustibles fósiles en proporciones variadas según las geografías impulsaron la expansión del maíz en los Estados Unidos, de la caña de azúcar de Brasil y de la soja en la Argentina.

Reemplazar combustibles fósiles por productos renovables fue considerado como positivo desde el punto de vista ambiental en un principio, pero, al poco tiempo, comenzaron los cuestionamientos por considerar que el desarrollo de tales biocombustibles compite con la producción de alimentos y —además— impulsa procesos de deforestación, con lo cual la emisión de GEI lejos de mitigarse se promovía. Mientras hay quienes estiman que los biocombustibles actuales son importantes responsables de las emisiones de GEI, otros cuestionan estas estimaciones.

Mientras tanto, crece el convencimiento de que el camino hacia la movilidad sostenible pasa por reemplazar los motores de combustión por motores eléctricos, lo cual le estaría poniendo una fecha de defunción —seguramente no cercana— a todos los combustibles, ya sean fósiles o biológicos. Y, si tienen dudas al respecto, intenten comprar un auto a combustión en Suecia, o entrar uno al centro de París.

Bienvenido, lector, a uno de los territorios donde el debate es más intenso: en un libro donde todos y cada uno de los capítulos contienen motivos de discusión, este tema en particular concentra una de las discusiones más complejas. No obstante, mientras el debate continúa, en los últimos años, la atención y la investigación se han concentrado en la segunda generación de biocombustibles. En esta oportunidad, el foco está en el transporte aéreo, responsable del 3,5 % del CO_2 que cada año expulsamos a la atmósfera. Mientras que los coches eléctricos se consolidan —progresivamente— como la mejor alternativa para los automóviles, es probable que los aviones sigan funcionando con combustibles líquidos durante mucho tiempo, ya que los mismos aportan mucha más energía por unidad de volumen.

De allí el renovado foco en los combustibles de aviación sostenibles (SAF por sus siglas en inglés, *sustainable aviation fuel*). Hace ya varios años que cientos de empresas de todo el mundo están produciendo biocombustibles del tipo SAF posiblemente teniendo en cuenta la necesidad de las aerolíneas de encontrar formas de reducir su huella de carbono y las pocas alternativas viables para ello en la actualidad.

Ahora bien, también existe un debate sobre cuál es el mejor camino para producir combustibles de tipo SAF. Por un lado, están quienes promueven el desarrollo y la expansión de cultivos con características particularmente apropiadas para ello. En la Argentina, hay dos iniciativas particularmente activas en esa dimensión. La primera de ellas es la impulsada por la empresa de semillas canadiense Nuseed y por el tesón de un gran *intrapreneur* argentino Jorge Moutous, quien desde hace quince años viene promoviendo el cultivo de *Brassica carinata,* o simplemente carinata, un pariente cercano de la colza o nabo que ofrece características genéticas particularmente apropiadas para la producción de este tipo de aceites. En el año 2023, la superficie de carinata ya alcanzó las treinta mil hectáreas y se estima que en los próximos años su superficie pueda crecer exponencialmente hasta alcanzar el millón de hectáreas en la región. Para lograr estos ambiciosos objetivos y poder asegurar los exigentes estándares de calidad propios de los SAF, el modelo de negocio exige una trazabilidad desde el lote. Para ello, Nuseed estableció una alianza con la ya mencionada Auravant que permite que los agricultores que siembran carinata puedan registrar todos los datos correspondientes a su cultivo en dicha plataforma digital. En la actualidad, todo lo producido es exportado a la petrolera BP (British Petroleum).

Coincidentemente, desde Pergamino, la empresa Chacraservicios está impulsando otra pariente, en este caso se trata de *Camelina sativa* o simplemente camelina, otro cultivo destinado a la producción de SAF que ya alcanzó las veinte mil hectáreas en la campaña 2023. Como una clara demostración de la importancia que está tomando este tipo de cultivos, merece destacarse que Chacraservicios fue adquirida en el año 2023 por las multinacionales Bunge y Chevron's Renewable Energy Group Inc., una subsidiaria de Chevron Corporation.

La otra alternativa es desarrollar tecnologías de proceso que permitan convertir los biocombustibles de 1° generación en SAF. Tal es el caso del aceite vegetal hidrotratado (HVO). Una diferencia fundamental con el biodiésel convencional es que el HVO utiliza el hidrógeno para el proceso de catalización en lugar del metanol. Y, justamente, esto es lo que permite una significativa reducción en las emisiones de GEI. Pero el HVO también tiene su lado B. Por un lado, la importante inversión necesaria para transformar las plantas, por el otro —en caso de masificarse su uso—, podría generar excedentes en la producción de harina de soja, una amenaza al principal producto argentino de exportación.

Una de las premisas de una mirada sostenible es que la superficie que se dedica a la producción de biocombustibles no compita con la que se dedica a producir alimentos. El caso de la carinata y de la camelina, cumplen con este requisito y, además de cosechar sus semillas para obtener el aceite, pueden ser utilizados como cultivos de cobertura. Asimismo, resulta destacable que el crecimiento invernal de estas especies y sus poderosas raíces pivotantes capaces de profundizar el suelo hasta altas profundidades las hacen especialmente apropiadas para este propósito, lo que explica el creciente interés por estos cultivos en sistemas de agricultura regenerativa.

En resumidas cuentas, el valor de estos cultivos no es solo su aceite y todo lo que se puede hacer con él, sino el rol agronómico que pueden desempeñar en sistemas de agricultura regenerativa. Ello representa beneficios para el suelo, para el ambiente y —por supuesto— para los agricultores.

Pero, como siempre, nada es tan sencillo. Expertos como Jorge Antonio Hilbert —al igual que muchos productores— desconfían de estos modelos de comercialización cerrados y prefieren cultivos como la soja y el maíz que aseguran una sólida cadena de comercialización y múltiples ofertas para su producción. En la actualidad, la producción anual de SAF es de —apenas— cien millones de litros de combustible para una industria que consumió más de trescientos sesenta mil millones de litros en 2019, antes de que la pandemia lo redujera a la mitad. Sin embargo, se cree que, para el año 2030 —o sea, muy pronto—, el mercado de SAF puede crecer hasta setenta veces. La transición parece haber comenzado: más de una docena de aerolíneas de todo el mundo se han comprometido a comprar colectivamente unos veintiún mil millones de litros de estos combustibles sostenibles para la aviación en los próximos años.

Aunque todavía no podamos estar seguros si será mérito de nuevos cultivos o gracias a innovadoras tecnologías industriales, en los próximos años, además de sostener y hacer más eficientes las producciones actuales, estaremos contribuyendo a hacer más sostenibles los viajes en avión.

9. Hackeando la naturaleza

Uno de los más exitosos medicamentos desarrollados contra el cáncer en los últimos años es el paclitaxel. Descubierto en 1968 por el laboratorio Bristol Myers Squibb, sus ventas superan el billón de dólares anuales —aun cuando su patente expiró hace ya algunos años—. Esta droga se obtiene a partir de una familia de coníferas, los tejos, propios de las zonas montañosas del hemisferio norte. El paclitaxel, junto con la morfina y los cardenólidos (tratamiento de arritmia cardíaca), son algunos ejemplos de extractos vegetales que se utilizan en forma permanente, y con altísimos resultados, en la más alta medicina.

Los extractos vegetales son sustancias que se obtienen de algunas plantas para ser utilizadas en el desarrollo de fármacos y cosméticos. A estas plantas se las conoce como plantas medicinales y aromáticas, una categoría muy exclusiva de la naturaleza teniendo en cuenta que solo el 1 % de las plantas conocidas producen estos extractos, aunque no resultaría extraño que más se sumen con el paso de las investigaciones. Si bien conforman un pequeño nicho dentro del mundo agro —apenas se cultivan tres millones de hectáreas en todo el mundo—, resultan de un inmenso valor: solo los medicamentos de origen vegetal representan un mercado de alrededor de cincuenta mil millones de dólares.

Estos compuestos se encuentran en la planta en proporciones muy pequeñas; por ejemplo, para el tratamiento de un solo paciente de cáncer son necesarios ocho árboles del tejo de sesenta años, lo que ha significado un enorme desafío de abastecimiento para la industria. Para resolver este desafío, se han explorado —básicamente— dos caminos, ninguno de los cuales resulta particularmente sustentable. El primero ha sido utilizar las plantas silvestres: el sostenido crecimiento de la demanda de estos compuestos en los próximos años conducirá —sin lugar a dudas— a la expoliación de las mismas con claras consecuencias en el ambiente en general y en la biodiversidad en particular.

El camino alternativo es el tradicional, bien conocido por todos nosotros: industrializar la producción de tales plantas silvestres. Un ejemplo de ello es el caso de la empresa china Yewcare, que se ha dedicado a producir *Taxus chinensis* en la provincia china de Yunnan y cuyas plantaciones ya cubren tres mil hectáreas. ¿Realmente necesitamos sumar más hectáreas de monocultivos al mundo? ¿Necesitamos nuevos cultivos que ocupen miles de hectáreas, consuman millones de litros de agua durante muchos años con el solo propósito de producir unos pocos gramos de un extracto vegetal? *A priori,* somos muchos los que pensamos que no es el mejor camino; por suerte, existe una alternativa innovadora y disruptiva que vamos a desarrollar a continuación: el cultivo de células vegetales.

Todos hemos observado cómo, cuando cortamos una rama, el árbol tiene la capacidad de regenerar y —a partir de unas pocas células indiferenciadas— volver a diferenciarse en tronco, hojas y flores. El cultivo de células vegetales se basa en la capacidad de las células vegetales de recorrer el camino inverso, o sea, de perder su destino comprometido y convertirse en un conjunto de células no-diferenciadas —

que no son hojas, ni tallos, ni flores— conocidas como callos. El principio de esta técnica es conocido por el hombre desde hace milenios y ha servido para clonar plantas con características muy especiales o para multiplicar especies que tienen dificultades para multiplicarse sexualmente; una nueva evidencia para demostrar que la manipulación genética no empezó en el siglo XX.

El caso particular del cultivo de células vegetales consiste en que, mientras que antes buscábamos clonar a una planta determinada a partir de una yema, lo que pretendemos ahora es que la misma se siga multiplicando sin llegar a convertirse nunca en planta. El objetivo es lograr una masa vegetal con el ADN del *Taxus chinensis* —antes de convertirse en árbol— con una alta concentración de paclitaxel —por ejemplo—.

La primera etapa de este proceso se produce en invernáculos y laboratorios; luego, una vez que tenemos suficiente cantidad de callos, comienza el delicado proceso para extraer los extractos vegetales en cuestión en sofisticadas plantas de extracción.

Una de las empresas pioneras en este novedoso territorio es la empresa española Vytrus, que se ha focalizado en producir extractos vegetales para la industria cosmética a partir de la utilización de células madre (o células no diferenciadas). Vytrus cerró el año 2022 con una capitalización de más de veinticuatro millones de euros, lo que supone un aumento del 98 % desde su debut un año antes en el mercado bursátil de las pymes españolas (BME Growth), y se destacó por ser la segunda compañía con mayor rentabilidad de todo el mercado español.

En la Argentina, merece destacarse el caso de los emprendedores de Cáliz Bio: Pablo Rico, desde Santiago del Estero, y Damián Smolarz, desde Catamarca, junto con el emprendedor Facundo Garretón, se unieron para crear esta empresa y se convirtieron en pioneros en América Latina en el diseño, el desarrollo y la producción de ingredientes activos de alto valor a partir de células madre vegetales. A la fecha, ya han desarrollado ocho líneas celulares y están avanzando en el desarrollo de los primeros productos comerciales con particular foco en cannabis medicinal.

Las industrias cosmética, nutracéutica y farmacéutica de todo el mundo han manifestado un notable interés por esta novedosa tecnología motivada por las ventajas que ofrece y que se pueden resumir en los siguientes adjetivos: escalable, libre de contaminantes, sostenible, estandarizado, continuo y controlado.

Desde que aprendimos a ser agricultores (o descubrimos cómo hacerlo), la única alternativa posible era cultivar toda la planta y respetar sus ciclos biológicos. El proceso de producción agrícola que los agricultores hemos perfeccionado desde aquellos tiempos lejanos ha sido particularmente exitoso y nos permitió multiplicar la productividad de nuestros cultivos, pero, en contrapartida, demandó mucho tiempo: para pasar de las pocas chauchas que era capaz de producir aquella primera e irreconocible soja original (la *Glycine max*, originaria de China) a las casi seis toneladas por hectárea de las modernas variedades actuales fueron necesarios miles de años de mejoramiento vegetal. No obstante, frente a la acuciante realidad del planeta, está claro que no disponemos de ese tiempo para dedicarnos al mejoramiento de plantas de las cuales solo necesitamos unos pocos gramos de bioactivos.

El cultivo de células vegetales nos ofrece la alternativa de "hackear" la naturaleza y encontrar un atajo para multiplicar solo aquello que estamos necesitando y llevarlo a un público cada vez mayor; y a más, nos ofrece la oportunidad de seguir investigando componentes de la naturaleza que pueden mejorar en forma considerable nuestra calidad de vida sin temor a caer en una posterior carencia de estos recursos. Del mismo modo, los beneficios ambientales de esta tecnología son contundentes: permite reducir el consumo del agua en un 95 % y el consumo del suelo y la huella de carbono en un 90 %. La enorme promesa de esta tecnología tan auspiciosa para la salud humana es ayudarnos a proteger nuestra biodiversidad y a evitar seguir incorporando áreas cultivadas a un planeta que ya no tiene mucho más para darnos y que necesita en forma urgente que comencemos a regenerar todo el daño que ya le hemos hecho.

Parte tres: Oportunidades y desafíos

En la parte anterior recorrimos las principales herramientas de la agricultura para comprobar cómo la revolución digital y las nuevas tecnologías tienen la capacidad de transformar profundamente esta actividad milenaria.

Ahora bien, la innovación y la disponibilidad de tecnologías resultan un requisito imprescindible para lograr una agricultura beneficiosa para el ambiente, pero no son suficientes por sí solas.

Encontrar la manera para que estas soluciones sean adoptadas masivamente por los productores de todo el mundo y lograr —además— que reconozcan el valor de las mismas son los grandes desafíos de todos y de cada uno de los emprendedores que sueñan con revolucionar la agricultura.

En esta tercera parte del libro, vamos a focalizarnos en explorar juntos algunas de las múltiples oportunidades y desafíos que determinarán el impacto de estas nuevas tecnologías.

1. Del baile a la fiesta tecno

A todos los que amamos el campo nos sorprende, y nos gratifica, la renovación que está llegando al sector de la mano de la revolución digital del agro —bueno, a casi todos—. ¿Qué hay detrás de todas estas sorprendentes *start-ups*?

Por un lado, equipos de emprendedores que apuestan a la tecnología y a la disrupción y que se comprometen apasionadamente para lograr sus objetivos; por el otro, la necesaria contribución de entidades gubernamentales y no gubernamentales que los apoyan, los acompañan y facilitan su tarea, y —finalmente— inversores, que apuestan su dinero para permitirles materializar sus sueños. A todo este dinámico entramado de relaciones lo conocemos como ecosistema *AgTech*.

Los particulares inversores que apuestan a las *start-ups* son conocidos como inversores de riesgo —con excepciones, claro está— y se diferencian del resto pues invierten en un proyecto determinado basados —casi exclusivamente— en su confianza en el equipo. Comparados con el común de los inversores, que cuentan con el apoyo de infinidad de métricas, en estos casos la mejor evidencia suele ser el "olfato" y la "experiencia". Todas estas *start-ups* —sin excepción— son apuestas de alto riesgo y, por ende, la expectativa de los inversores está en encontrar la "joya" que compensará —con creces— los inevitables fracasos.

No obstante, hasta hace muy poco tiempo, el agro —seguramente por tratarse de un sector particularmente conservador y de inherente alto riesgo— no era atractivo para este tipo de inversores. Bajo esta perspectiva, la dinámica del agro ha tenido muchas semejanzas con un baile de pueblo, donde los mismos chicos siempre se encuentran con las mismas chicas.

Pero los tiempos cambian y, a partir del año 2010, llegaron al agro las primeras inversiones de riesgo de cierta magnitud. A partir de allí, han crecido consistentemente hasta alcanzar la friolera de treinta billones de dólares apenas diez años después. Esta enorme cantidad de dinero ha impulsado la creación de miles de *start-ups* en todo el mundo y ha traído innovación y disrupción que desafían el *statu quo* del sector; para que se den una idea, en el año 2015, la consultora McKinsey reconoció a la industria del agro como la menos digitalizada de la economía mundial.

Algunos años después, la llegada de los primeros unicornios —curiosa definición que se otorga en la jerga emprendedora a aquellas escasas empresas que alcanzan una capitalización virtual superior al billón de dólares—, como FBN (Farmers Business Network), Indigo Ag o Inari, ha servido para demostrar que hay oro al final del arco iris y ha impulsado a los inversores a seguir invirtiendo confiados en encontrar al próximo unicornio.

Aun en esta Argentina en crisis permanente, la inversión de capital de riesgo en nuevos emprendimientos oscila en alrededor de quinientos millones de dólares anuales según la consultora KPMG; de ese monto, los proyectos *AgTech* representan —típicamente— un 10 %.

No obstante, debemos destacar que la mayor parte de las *start-ups AgTech* de la Argentina han sido financiadas en sus orígenes por los mismos productores agropecuarios. Ya sea bajo la categoría de "friends and family" o de "inversores ángeles", nos encontramos con individuos apostando —casi exclusivamente— al equipo emprendedor sin mucho más soporte que su olfato y que —simplemente— su confianza en los emprendedores y en tecnologías que los dejan boquiabiertos —o que prometen hacerlo—.

Este es uno de los aspectos posiblemente menos difundidos, pero seguramente más remarcables, de la revolución digital del agro y, en mi opinión, una de las particulares fortalezas del ecosistema *AgTech* argentino: son los mismos productores los que financian y apoyan —al menos en los primeros estadios— la llegada de las tecnologías disruptivas. En un entorno de alta volatilidad como el argentino, es particularmente remarcable la visión de aquellos productores que apuestan por estas inversiones de alto riesgo.

Alrededor del 2017, visionarios como Tomás Peña y Bernardo Milesy lograron convencer a las primeras empresas del sector agropecuario de esta incipiente oportunidad para que invirtieran en los primeros fondos de inversión profesionales, como The Yield Lab y Glocal, que fueron instrumentales para apoyar las primeras generaciones de *start-ups* argentinas y convirtieron a la Argentina en pionera en Latinoamérica en este mercado. En estas figuras, la decisión de inversión está confiada a equipos profesionales especializados en la temática, y los emprendedores —para recibir la inversión— deben superar rigurosas auditorías.

A partir de allí, la aparición de nuevos fondos de inversión no se ha detenido y la oferta se ha especializado en distintos segmentos y bajo diferentes tesis de inversión. Entre los casos más recientes, se destacan SF500, Xperiment, GridX, CITES,

Aceleradora Litoral y Antom, entre otros. Cada uno de ellos especializado en diferentes tipos de oportunidades.

Durante el año 2022, tuvimos la oportunidad de presenciar una interesante novedad: el nacimiento de los primeros fondos de inversión financiados y administrados —directamente— por productores agropecuarios. Tal es el caso de Innventure, impulsado por un grupo de innovadores productores de AAPRESID junto con el acompañamiento de la ONG Endeavor y el asesoramiento del estudio de abogados Tanoira Cassagne, uno de los más activos impulsores del ecosistema emprendedor argentino. Presentado en el tradicional congreso anual de dicha entidad, la respuesta y el interés que esta iniciativa generó entre la audiencia sorprendió positivamente a los fundadores. Con un ticket de inversión mínimo de veinte mil dólares, ya hay más de treinta productores comprometidos y la lista crece todos los días.

En los últimos años, el crecimiento del ecosistema *AgTech* argentino ha sido particularmente notable. Según un estudio reciente realizado en conjunto por la Universidad Austral y Endeavor, el ecosistema se compone de cerca de doscientos emprendimientos, cuya mayoría tiene —apenas— seis años de antigüedad. Diez años atrás, los podíamos contar con los dedos de la mano.

Por lo demás, también es importante destacar que este ecosistema tiene una muy marcada impronta federal: estos emprendimientos se distribuyen en diez provincias argentinas. Para el ecosistema *AgTech*, Dios no atiende en Buenos Aires: la mayoría (cuarenta y cuatro) se radica en la provincia de Santa Fe, gracias a la fuerte impronta del clúster Rosario.

El dinamismo de este ecosistema está generando situaciones muy interesantes, como lo que está sucediendo en estos momentos en Río Cuarto, Córdoba, y que he tenido la oportunidad de experimentar personalmente. Allí, en el centro de la Argentina productiva y a seiscientos kilómetros de la Capital, la conjunción de varios emprendedores, la activa cooperación, el fuerte apoyo de distintas agencias estatales y la creación de un fondo de inversión impulsado por los mismos productores locales (Pampa Start) ha generado un dinámico ecosistema donde ya coexisten veintidós *start-ups*. ¿Estaremos asistiendo al nacimiento del Silicon Valley argentino?

Finalmente, un dato particularmente llamativo de este relevamiento es que solo un 16 % de los líderes de estos emprendimientos son ingenieros agrónomos. Bienvenidos ingenieros en sistemas, programadores, analistas de datos, informáticos y demás científicos y profesionales al agro: los estábamos esperando. Volviendo a la metáfora del baile de pueblo, la llegada de varios micros de los pueblos vecinos nos alegra sobremanera. El baile de pueblo se convirtió en una fiesta tecno…

Este cambio comenzó —posiblemente— en el año 2001 cuando, en medio de una de las peores crisis de la Argentina moderna, impulsados por el liderazgo extraordinario del fundador de AAPRESID, Víctor Trucco, un grupo de productores argentinos envalentonados por el monumental logro que habían alcanzado con la expansión de la siembra directa decidió que era el momento y el lugar para crear nada menos que una empresa de biotecnología argentina.

Fue su hijo, Federico, quien asumió la responsabilidad de convertir este sueño en realidad y tomar el liderazgo de una curiosa empresa con más de doscientos accionistas —todos ellos productores agropecuarios— que aportaron cada uno el equivalente de seiscientos dólares. Aquel sueño compartido hoy cotiza en NASDAQ, se llama Bioceres y está en camino de convertirse en el primer unicornio del agro argentino.

Bioceres, por ejemplo, fue capaz de incorporar un gen del girasol identificado por Rachel Chan —investigadora del CONICET y una de las científicas argentinas más destacadas— a los cultivos de trigo y soja y de conferirles a ambos tolerancia a la sequía, una creación conocida como HB4®.

En la actualidad, Bioceres, junto con su programa de semillas tolerantes a la sequía, proporciona trazabilidad de extremo a extremo de su producción. A pesar de las controversias y a la sensibilidad vinculada con la modificación genética de un alimento tan sensible como el trigo, que comentamos en *La revolución digital del agro*, el valor actual de aquellos seiscientos dólares invertidos al momento de la fundación hoy equivale a un millón de dólares.

A todos nos gusta hacer alarde de nuestras decisiones exitosas al mismo tiempo que preferimos cubrir nuestros errores con el manto del olvido. En mi caso particular, siempre reconozco que una de las peores decisiones como inversor fue no haber aprovechado la oportunidad de invertir en Bioceres en el año 2001.

2. La inteligencia artificial llegó al campo

La inteligencia artificial está cada día más presente en nuestra vida. Cada vez que buscamos una dirección en Google Maps, cada vez que seguimos la recomendación de Spotify o cada vez que elegimos una serie en nuestra plataforma de *streaming* favorita, fuimos influenciados por IA, sepámoslo. Sin embargo, para muchos fue necesario que experimentáramos ChatGPT para tener una dimensión acabada del potencial de esta tecnología y llegar a sorprendernos hasta niveles insospechados; e, incluso, para comenzar a preocuparnos —pero eso ya sería parte de otro libro—.

Aunque pueda no parecer tan evidente como en ChatGPT, ya hace algún tiempo que la IA llegó al campo y la utilización de este tipo de herramientas por parte de los productores agropecuarios es cada vez más frecuente —también, a veces, en dimensiones que parecen irreales, como hemos visto y veremos a lo largo de todo este libro—. Hemos ya mencionado varios casos de aplicación de IA en el campo, sin embargo, considerando que se trata de una tecnología que —no tengo dudas— tendrá particular relevancia en nuestro camino hacia una agricultura regenerativa, creo que es necesario detenernos y conocer algunos casos especialmente singulares…

Comencemos por las imágenes satelitales, que se han convertido en herramientas cada vez más valiosas para los productores agropecuarios. Si bien ya desde hace un tiempo se han hecho indispensables para la compra/venta de campos, cada día es más habitual encontrarnos en reuniones donde es necesario compartir imágenes de este tipo para justificar o explicar ciertos resultados agronómicos. Nuestros "ojos en el cielo" —tal es el nombre del capítulo donde abordé esta cuestión en *La revolución digital del agro*— se han convertido en un aliado imprescindible para el productor moderno.

Pero, aun cuando nos vamos acostumbrando a esta tecnología, ¿se preguntaron alguna vez cómo un satélite puede reconocer un cultivo de trigo de uno de cebada desde miles de kilómetros de altura cuando nosotros —los supuestos expertos— tenemos que bajarnos de la camioneta para poder hacerlo? La clave es —precisamente— la IA; es gracias a ella que podemos "leer" estas imágenes, que podemos descifrar y convertir diferentes longitudes de onda en información valiosa, y es por esta razón que todas las plataformas digitales agropecuarias utilizan IA. Hasta hace poco tiempo, la prioridad de la agricultura digital se focalizaba en lograr mayor precisión en las imágenes satelitales (de allí las discusiones sobre si una determinada imagen era Landsat 5 o Landsat 8, por ejemplo), y por ello era necesario invertir en *hardware* (en este caso, satélites cada vez más precisos). En la actualidad, el foco es invertir cada vez más en herramientas de IA capaces de interpretar y sacarle el mayor jugo posible a la imagen en cuestión: los satélites están.

En el capítulo "Pulverizaciones inteligentes" explicamos el caso de DeepAgro, quienes, no conformes con reconocer —instantáneamente— malezas de cultivos, están ya ocupados en recordar la ubicación exacta de cada una de las malezas del año pasado para, a partir de allí, diseñar estrategias de control.

Del mismo modo, en el capítulo que hablamos sobre la comida, desarrollamos la experiencia de ZoomAgri, un caso que nos sirve para introducirnos en una particular categoría de IA: las redes neuronales. Una red neuronal es una clase de IA que enseña a las computadoras a procesar datos inspirada en la forma en que lo hace el cerebro humano. Cada vez que la tecnología de los emprendedores de ZoomAgri reconoce una variedad de cebada de la otra, está utilizando IA basada en redes neuronales. Para hacer ello posible, fue necesario enseñarle a la máquina a reconocer cada una de las distintas variedades de cebada disponibles. Lo que resulta en una muy interesante moraleja: ni siquiera la IA nace sabiendo, y su proceso de aprendizaje es complejo (y, si tienen dudas, pueden consultar con los chicos de ZoomAgri).

Otro ejemplo del uso de redes neuronales que merece destacarse es el caso de los emprendedores de Gbot, quienes se han focalizado en resolver uno de los grandes problemas del mejoramiento vegetal. Tomemos el caso de los programas de mejoramiento de soja, donde los genetistas siembran millones de microparcelas todos los años, de las cuales solo algunas pocas alcanzarán los objetivos esperados. Si consideramos que el 50 % del costo del programa es la cosecha, decidir qué parcelas merecen ser cosechadas es una pregunta crucial. Esta es precisamente la respuesta que estos jóvenes emprendedores santafesinos han intentado resolver mediante una tecnología capaz de estimar el rendimiento de las mismas a partir de una herramienta que —literalmente— cuenta y pesa en forma digital las chauchas de la soja. Nacidos en el año 2020 a partir del apoyo del fondo de inversión CITES, una destacada iniciativa de Sancor Seguros, apenas tres años después ya han cerrado acuerdos de servicios con cuatro de las más importantes empresas de mejoramiento de soja en Argentina y en Brasil.

Llegamos finalmente al último nivel de IA, conocida como *Strong AI* o Superinteligencia Artificial (SAI), que pretende desarrollar sistemas completamente autoconscientes con la propiedad de entender los comportamientos humanos, mucho más allá de simplemente imitarlos o entenderlos. Pese a las amenazas de tantas películas de ciencia ficción, probablemente ningún humano viviente llegue a conocer este tipo de superinteligencia. Sin embargo, en vista del ritmo tan acelerado que experimenta la SAI, es necesario que se establezcan las pautas éticas a fin de cosechar sus beneficios y evitar posibles peligros.

En el año 2023, con ocasión del Encuentro Latinoamericano de Inteligencia Artificial, más de trescientos ochenta científicos y emprendedores firmaron la Declaración de Montevideo[73] pidiendo que las tecnologías de IA sean puestas al servicio de las personas y que su implementación cumpla con los principios rectores de los Derechos Humanos, así como que, ya desde su diseño, sea incapaz de dañar a las personas y minimice su impacto ambiental.

La IA será —salvo que algo muy extraño ocurra en el camino— la gran protagonista tecnológica del mundo en los próximo años, y la agricultura no quedará fuera de su ámbito de incumbencia: el mercado de IA en el agro ya representa un valor de dos billones de dólares y se estima que alcanzará los

---

73 https://docs.google.com/document/d/1maoIc9BKnJbM_iv1QXvbU0DofgmmOQne3qjmQb0rFHM/edit.

seis billones en el año 2029, una cifra verdaderamente colosal, con los Estados Unidos como el actor más importante del mercado[74]. Como he intentado poner de manifiesto a lo largo de este libro —así como en el anterior y en prácticamente todas las charlas a las que soy invitado—, las empresas argentinas tienen una oportunidad única de ser jugadores destacados en este verdadero "océano azul". Hasta el momento, han desarrollado soluciones capaces de responder a la necesidades de los clientes más exigentes y cautivar a los inversores más demandantes; personalmente, no tengo dudas de que lo seguirán haciendo en el futuro.

---

74 https://www.mordorintelligence.com/industry-reports/ai-in-agriculture-market.

3. El *big data* agropecuario

Una de las evidencias más claras de la llegada de la revolución digital del agro es el creciente interés y la —cada vez más— apasionada discusión relativa a los datos y la agricultura. En este capítulo, mi intención consiste en hacer una rápida revisión histórica sobre este tema y en desarrollar algunos conceptos —que en buena parte hemos visto— acerca de los datos, la agricultura y, por supuesto, la agricultura regenerativa.

Los valiosísimos datos de los primeros *Homo sapiens* agricultores eran conservados en su memoria y ese conocimiento era transmitido (y enriquecido) de generación a generación. Solo de esta manera podían reconocer e identificar las semillas más adecuadas y las maneras más apropiadas de cultivarlas en cada uno de sus ecosistemas. Con el tiempo, se hizo necesario asegurar la persistencia de aquellos datos en el tiempo: la primera solución para aquel dilema la encontramos en los pictogramas del antiguo Egipto, escritura icónica donde cada dibujo o pictograma representaba una palabra. De esta manera, podemos reconocer escenas agrícolas mostrando la trilla, la cosecha con hoz, la tala de árboles y el arado de alrededor del 4000 a. C. Si bien es cierto que aquello fue un importante avance, todavía quedaba un largo camino por recorrer, ya que los pictogramas quedaban sujetos a la interpretación de quien los leía.

Con el tiempo, la escritura fue evolucionando hasta la llegada de la identificación de un sonido con un signo concreto, y aparecieron así los sistemas silábicos. Cada palabra se descomponía en sílabas y cada sílaba poseía un símbolo correspondiente. El primer sistema silábico del que existen pruebas fue el cuneiforme, inventado por los sumerios hacia el segundo milenio antes de Cristo. La expresión más relevante de aquella forma de comunicación es el famoso Código de Hammurabi, una compilación de leyes y edictos redactado por el sexto rey del imperio de Babilonia que, en la actualidad, se puede visitar en el Museo del Louvre, en París. Se trata del código jurídico más importante de la antigüedad, que incluía doscientas ochenta y dos leyes, entre ellas, por ejemplo, las que regulaban la comercialización del aceite de oliva.

Tras la invención del papel de arroz por parte de los chinos, las tablillas de barro poco a poco fueron quedando atrás y la escritura se hizo más cómoda y accesible. En un principio, el acceso a los libros era privilegio de pocos, solo una minoría sabía leer y tener acceso a ellos, pero, con el paso de los siglos, el acceso a los libros dejó de ser una limitante. Gracias a ellos, el conocimiento de la humanidad creció de tal manera que aparecieron expertos capaces de concentrar determinada información crítica, quienes, a su vez, se convertían en referencia y fuentes de consultas para todos aquellos que la necesitaran. Tener acceso a tales expertos se convirtió en una ventaja competitiva determinante.

A partir de allí, todas las grandes transformaciones de la agricultura estuvieron vinculadas al uso de los datos y a su manera de compartirlos. El argentino Pablo Hary, contemporáneo de Norman Borlaug —a quien tantas veces nos hemos referido—, introdujo en 1957 un concepto completamente revolucionario en el manejo de los datos: desafiando los principios que sostenían al secreto como una ventaja competitiva, impulsó la creación de grupos de productores agropecuarios con el objetivo de que pudieran aprender unos de otros y demostró que compartir el conocimiento los enriquecía y los potenciaba. Aquel principio fue el nacimiento del movimiento CREA, tan vigente en estos días.

Otro caso emblemático del beneficio de compartir los datos fue la expansión de la siembra directa llevada a cabo por los pioneros de AAPRESID, que hemos mencionado en numerosas oportunidades. Si hiciéramos una analogía con los modelos de desarrollo de *software*, la siembra directa fue un caso de "código abierto" donde la tecnología era mejorada todos los días gracias al aporte y a la experimentación de los miles de socios de AAPRESID. En lugar de utilizar este descubrimiento en beneficio propio, la premisa era compartir sus conocimientos y permitir que esta tecnología alcanzara todos los rincones del planeta.

Llegamos a este siglo y nos encontramos con que, a partir de la llegada de la revolución digital del agro, la cantidad de datos por hectárea se ha multiplicado de manera exponencial. Hasta hace poco tiempo, por ejemplo, los productores solo disponían de un dato de rendimiento por lote; hoy, gracias a la agricultura digital y a los monitores de rinde, en la misma hectárea disponemos de una multiplicidad enorme de datos para explicar el rendimiento, ya no del lote, sino de una unidad de pocos metros cuadrados. Si a ello le sumamos la información aportada por satélites, drones y dispositivos IoT, la cantidad de información generada en una hectárea es tal que ya no existe humano capaz de analizarla e interpretarla por sí solo.

Permítanme ilustrar esta afirmación con algunos datos: en la actualidad, una hectárea de maíz puede generar 40 MB de información. Tengamos en cuenta que una película de Netflix tiene alrededor de 4 GB, por lo que cada cien hectáreas estamos creando una nueva película de Netflix. Si consideramos que el maíz es el cultivo más sembrado del mundo —doscientos millones de hectáreas— y tenemos en cuenta que es solo uno de entre los múltiples cultivos y que, además, esta carrera recién comienza, podemos comenzar a entender el concepto de *big data* y del desafío que representa capturar, almacenar y analizar semejante cantidad de información, particularmente considerando que ella proviene de diferentes fuentes (en una hectárea agrícola actual, la información puede ser originada de más de cien dispositivos diferentes que, además utilizan diferentes lenguajes).

A continuación, explicaremos algunos de los múltiples desafíos que nos presenta el *big data* agropecuario, cuyo primer problema es tener dónde guardarlos. Disponer de reservorio seguro, confiable y accesible se está convirtiendo en una necesidad cada vez más acuciante para los revolucionarios digitales del agro. Múltiples aplicaciones y diferentes bases de datos que no siempre se vinculan entre ellas se han convertido en un verdadero dolor de cabeza para muchos productores agropecuarios. Esta es la solución que Nicolás Otamendi y el equipo de Eiwa pretenden resolver con una aplicación que han bautizado como Vault —en obvia referencia a su significado en inglés (bóveda)—.

Ahora bien, disponer de una base de datos unificada es solo el principio: poder analizar y sacar provecho de toda aquella información requiere de sistemas cada vez más sofisticados. En el agro, podemos encontrar ejemplos de sistemas de *big data* en los programas de mejoramiento de las grandes empresas del sector, capaces de analizar millones de variables productivas y ambientales con el objetivo de poder seleccionar, finalmente, la variedad o el híbrido apropiado por un ambiente determinado. Me animo a predecir que el primer gran impacto de la IA en el agro lo veremos aquí. La bioinformática es nada menos que el océano azul que Ramiro Olivera y Pablo Romero, cofundadores de Calice Biotech, han decidido abordar. Si tenemos en cuenta la exitosa experiencia de Ramiro en su emprendimiento anterior (Kheiron S. A., dedicado a la clonación de equinos) y al sólido equipo que ha convocado, donde se destaca como asesor el prestigioso exministro de tecnología Lino Barañao, hay buenos motivos para darle crédito a sus ambiciones.

Dentro del segmento productivo, merece mencionarse Yield Data, el emprendimiento de Mariano Tamburrino (exintegrante de Solapa4, una de las *start-ups* precursoras de la revolución digital argentina que mencionamos en el libro anterior). Mariano y su equipo vienen trabajando desde hace años en el desarrollo de una solución capaz de estimar el rendimiento de un cultivo —la gran incógnita de todos los productores— a partir de una gigantesca base de datos.

Además de utilizar los datos para producir mejor, necesitamos resolver otro de los grandes desafíos de la nueva agricultura, donde producir no es suficiente. Como ya anticipamos en *La revolución digital del agro*, debemos garantizar a los consumidores de todo el mundo la trazabilidad que demandan. Conectar el proceso que comienza en el campo y termina en el supermercado significa transferir gigabytes de datos a lo largo de múltiples *softwares* de toda la cadena de valor. Si queremos que nuestro cliente en Madrid pueda verificar todas las precauciones que tuvimos para producir su alimento, es necesario que dicha información circule de manera segura entre sistemas. Resolver esta moderna torre de Babel es la tarea que se han propuesto los riocuartenses Darío Baudino y Juan Manuel Oliva, cofundadores de Tracestory. La inversión semilla de trescientos mil dólares que recibieron del fondo de inversión Xperiment, la más importante del 2024 hasta el momento, es una señal que indica que están bien encaminados.

Para terminar, además de poder ayudarnos a elegir los mejores híbridos o poder estimar con precisión el rendimiento o proporcionarnos la trazabilidad que nos demandan, el *big data* es la gran esperanza de poder encontrar soluciones capaces de desarrollar y optimizar modelos de agricultura y ganadería regenerativa, sin lugar a dudas el Santo Grial que todas las grandes compañías del sector están buscando afanosamente en estos momentos.

Detrás de esta ambición, retomemos la tan vigente discusión sobre la propiedad de los datos. Una de las particularidades de la revolución digital del agro es la disociación entre el origen de los datos y su capacidad de utilizarlos: de nada sirve ser el dueño de los datos si no tengo la capacidad de aprovechar todo su potencial. Por ello, creo que más importante que discutir la propiedad de los datos es encontrar maneras de utilizarlos para provecho de todas las partes involucradas. De la misma manera que no sirve disponer de recursos naturales si no tenemos la capacidad de aprovecharlos, lo mismo sucede con los datos agrícolas. Los productores agropecuarios solo podrán aprovechar todo el valor de sus datos a partir del desarrollo de alianzas estratégicas con aquellos que tengan la capacidad de interpretarlos. Desde mi perspectiva, nunca antes los principios de Pablo Hary y el legado de los fundadores de AAPRESID han estado tan vigentes.

4. La conectividad en el agro, un desafío clave

Hasta aquí, hemos intentado demostrar cómo la revolución digital del agro tiene la capacidad de transformar profundamente la agricultura hacia una agricultura regenerativa.

Empezando por los agroquímicos, hemos recorrido prácticamente todos los pasos del proceso productivo agropecuario con la intención de poner de manifiesto cómo la digitalización del agro nos ofrece soluciones capaces de transformar definitivamente y hacer más eficiente y sostenible una actividad milenaria como la nuestra.

Ahora bien, como el lector seguramente sospechará, para que la revolución digital del agro pueda alcanzar todo su potencial necesitamos de un recurso imprescindible: la conectividad. En este capítulo, vamos a confirmar esta sospecha y vamos a explorar cómo el ecosistema *AgTech* está buscando activamente soluciones para superar la barrera de la conectividad.

Una de las maneras más contundentes para poner de manifiesto los beneficios de la digitalización es recordar cómo viajábamos antes de que la misma llegará a nuestras vidas. El kit básico de un turista *baby boomer* consistía en múltiples mapas desplegables (imposibles de volver a ser retornados a su diseño original) y voluminosas guías (que nunca eran suficientes) sumadas a infaltables fotocopias con recomendaciones y sugerencias de amigos. A todo ello, había que agregarle una pesada cámara fotográfica, una videocámara, rollos y casetes adicionales más baterías de repuesto. Por supuesto que toda esta parafernalia no evitaba que nos perdiéramos y tuviéramos que practicar nuestras habilidades lingüísticas para consultar cómo llegar a tal famoso monumento o encontrar el regreso a nuestro hotel —no sin pasar varias veces por el "te dije que la salida era la otra" con nuestros compañeros de ruta—.

Hasta que llegaron los primeros GPS y simplificaron nuestra vida notablemente; aquel fue tal vez el primer paso de nuestra revolución digital. Sin embargo, para poder disfrutar de sus beneficios con mayor plenitud, tuvimos que esperar la llegada de soluciones como Waze o Google Maps. Conocer el camino ya no era suficiente, ahora podíamos saber el estado de la ruta y del tránsito, anticipar contratiempos y evitar atascos. La conectividad fue la que permitió este notable salto en la calidad de la información y, por ende, en nuestra calidad de vida.

Para muchos, el campo es el lugar ideal para "desconectarse"; entonces, no deja de ser paradójico que esta proverbial desconexión sea hoy motivo de padecimiento para aquellos que trabajamos allí. Basta con alejarse unos pocos kilómetros de los centros poblados para que el servicio desaparezca por completo; para intentar recuperar la conectividad, son habituales las situaciones de encontrarnos subidos al techo de la camioneta o trepados al molino de viento esperando la aparición de la esquiva línea en el celular a veces solo para que un mensaje urgente aparezca como enviado.

Según una reciente encuesta realizada por el Departamento de Agricultura de Precisión del INTA Manfredi, solo un 29 % de los encuestados calificó como buena su calidad de conexión a la internet —un porcentaje que en lo personal considero alto, pues muchos establecimientos agropecuarios tienen la conexión a internet limitada exclusivamente al casco, mientras que en el resto de la superficie del campo la conexión es prácticamente nula—. Subjetividades aparte, lo cierto es que, según un estudio del ingeniero agrónomo Carlos Di Bella presentado en A Todo Trigo en el 2022, la cobertura 4G solo cubre un 10 % de la superficie agropecuaria de la pampa húmeda.

Frente a esto, cabe preguntarnos, ¿de qué manera los emprendedores de la revolución digital del agro se las ingenian para poder ofrecer sus propuestas en un entorno con tantas limitaciones?; en este escenario, sería como vender artículos de esquí en el medio del Sahara.

Antes de hablar de alternativas tecnológicas es importante entender la diferencia entre disponer de información digital y tenerla disponible *online*. Volvamos al ejemplo anterior: los viejos GPS que alquilábamos en los aeropuertos nos enseñaban el camino más adecuado a nuestro hotel, pero no podían avisarnos de un piquete ni de un accidente ni tampoco ofrecernos alternativas como sí lo hacen aplicaciones como Waze o Google Maps, siempre y cuando tengan conectividad.

La primera alternativa desarrollada para operar en un mundo sin conectividad ha sido la de permitir capturar los datos en un *hardware* determinado (ya sea teléfono, tableta o similar) para luego, una vez lograda la ansiada conexión, transmitir toda esa información para su posterior utilización. La mayoría de las plataformas agronómicas —posiblemente unas de las aplicaciones digitales más difundidas en el agro— operan con este mecanismo: los datos se registran en el momento, pero se utilizan y se analizan *a posteriori*. Una solución práctica pero imperfecta, pues limita, precisamente, una de las ventajas de estar *online* y, con ello, la capacidad de reaccionar frente a imprevistos, algo que se hace evidente en las herramientas de monitoreo de aplicaciones de fitosanitarios o de agricultura de precisión. Bajo esta operatoria, la información recibida "ex post" solo tiene la validez de una bitácora y no permite efectuar correcciones o ajustes en tiempo real, la intención original y más valiosa —sin lugar a dudas—.

Una alternativa —ciertamente creativa— desarrollada por algunas soluciones que no pueden aceptar este retraso en la información es —literalmente— crear sus propias redes. En cuyo caso la solución incluye una estación repetidora capaz de recibir la información y transmitirla hasta la tan ansiada red. Esta es, por ejemplo, la base tecnológica de la solución que propone la *start-up* Bastó, la cual presentamos en el capítulo sobre el alambrado. Dicha solución le permite al usuario acceder a la información *online*, pero supone un costo adicional que encarece —a veces significativamente— la solución ofrecida; como si fuera poco, estas soluciones son —típicamente— soluciones IoT capaces de transmitir solo pequeñas cantidades de información. En términos que todos podamos entender, son redes capaces —por ejemplo— de enviar y recibir un mensaje, pero no permiten enviar un video o una pesada fotografía, demandas que serán imprescindibles en la medida que la revolución digital del agro siga avanzando.

Y si hablamos de conectividad es imposible no incluir en este análisis la internet satelital y todas las expectativas generadas por Elon Musk y su empresa Starlink. Recordemos que esta tecnología fue la que permitió la llegada de la televisión (y con ella el fútbol) al campo y que nos permite independizarnos de las torres de las redes móviles. En la actualidad, ya existen empresas, como Orbith, que ofrecen servicios de internet satelital en ciertos territorios de la República Argentina con una aceptable capacidad para transmitir cantidades significativas de datos. La limitación de este tipo de oferta es que se trata de soluciones punto a punto, ello quiere decir que la señal es recibida por un dispositivo (la antena) que a su vez la retransmite a una limitada área de influencia de unos pocos metros. Es una solución apropiada para facilitar la conectividad a hogares, oficinas, establecimientos y escuelas rurales y similares, pero no es la solución apropiada para resolver la conectividad de grandes superficies.

Podemos esperar una mejora tecnológica a partir de la utilización de satélites de órbitas más bajas (más cercanos a la superficie de la tierra), precisamente la propuesta de *Star Link*. Estos satélites —más costosos y más ineficientes, precisamente porque cubren menos superficie— permiten que ciertos dispositivos se puedan conectar directamente con ellos (tal como sucede con los teléfonos satelitales). Bajo estas premisas, muchos productores confían en que la internet satelital sea una solución para estas limitaciones; no obstante, de acuerdo con un informe de la Comisión Federal de Comunicaciones de los Estados Unidos (FCC), la banda ancha satelital puede no ser suficiente para soportar las demandas de la agricultura digital de última generación debido a la imprevisibilidad del servicio causada por alta latencia, limitaciones de capacidad y costos para asegurar grandes volúmenes de flujos de datos, especialmente cuando se requiere información sensible en línea para apoyar las operaciones en el campo que permitan responder rápidamente a las condiciones de mercado.

Es aquí donde redes terrestres de baja frecuencia (como las de 450 MHz) aparecen como alternativas más eficientes para ofrecer soluciones de conectividad al agro. A continuación, vamos a desarrollar el potencial de esta oportunidad. En el año 2015, la administración Macri creó el ENACOM, un ente autárquico con la intención de garantizar el acceso a los servicios de internet. En un raro ejemplo de continuidad, en el año 2019 la administración Fernández adjudicó la frecuencia de 450 MHz para ciudades de menos de cien mil habitantes ubicadas a más de ciento ochenta kilómetros de la ciudad de Buenos Aires. La frecuencia de 450 MHz es una alternativa muy apropiada para conectar usuarios suburbanos y rurales de manera segura, estable y permanente, ya que su señal llega a más de treinta kilómetros de distancia brindando una cobertura más amplia que la red móvil tradicional. De esta manera, la conectividad ya no es punto a punto como en la internet satelital, sino que permite la conectividad de grandes áreas de superficie.

Una de las empresas adjudicadas, Alvis, instaló en julio del 2023 la primera red de conectividad privada agroindustrial del país. Merced a un acuerdo con la empresa agropecuaria COSUFI S. A. y a la instalación de una radiobase privada, las treinta y dos mil hectáreas del establecimiento La Catalina de la localidad de Diego de Alvear, Santa Fe, disponen de conectividad 4G LTE en toda su superficie. Todo un hito en la historia de la revolución digital del agro en la Argentina.

Pero no todas las penurias son autóctonas: las limitaciones de conectividad en las zonas rurales son frecuentes aun en los países más desarrollados. Uno de los estudios más completos sobre el impacto de la conectividad en el desarrollo agrícola ha sido el desarrollado por el Departamento de Agricultura de los Estados Unidos en el año 2019.[75] Dicho informe señala que diecinueve millones de personas carecen de conexión de banda ancha en las zonas rurales de los Estados Unidos (el estudio no hace estimaciones de superficies sin cobertura que permitan una comparación con las estimaciones de Di Bella).

Este minucioso reporte (que recomiendo leer en profundidad) estima que el impacto potencial de la digitalización de la agricultura extensiva (el estudio también analiza el impacto en la ganadería y en la agricultura intensiva) permitirá un incremento del 12 % en la productividad agrícola (una cifra enorme, que representa —solo para los Estados Unidos— un impacto de doce billones de dólares). Según este estudio, un 35 % de este monto se explica a partir de la disponibilidad de conectividad de banda ancha. En otras palabras, un tercio de los beneficios de la digitalización del agro dependen de la conectividad. Y ello sin considerar otros beneficios de tremenda importancia, como aquellos vinculados con la inclusión y el arraigo.

En marzo de 2023, la fundación FADA (Fundación Agropecuaria para el Desarrollo de Argentina), una institución sin fines de lucro que elabora, difunde y gestiona proyectos de políticas públicas, presentó junto a la empresa Telecom

---

75 https://www.usda.gov/sites/default/files/documents/case-for-rural-broadband.pdf.

el estudio más completo realizado a la fecha sobre el impacto de la conectividad en la economía argentina.[76] En dicho estudio, se identificaron ahorros de hasta mil setecientos cincuenta millones de dólares anuales para el país como resultados de mejoras en el uso de las nuevas tecnologías; todo ello, sumado a más acceso a la salud, la educación y la inclusión de las regiones rurales.

Tal como anticipamos al comenzar este capítulo, para poder soñar con una agricultura eficiente y sostenible la conectividad es un requisito imprescindible. No hay alternativa posible. Existen soluciones tecnológicas capaces de dar una respuesta a esta demanda, sin embargo, su implementación depende de soluciones estructurales que muchas veces exceden las posibilidades del ecosistema *AgTech* y requieren de políticas activas.

Hasta hoy, la baja densidad poblacional del sector rural lo hacía poco atractivo para las empresas proveedoras de servicios de internet. En un claro ejemplo de relación causa-efecto, la revolución digital del agro comienza a cambiar esta ecuación: la creciente demanda de conectividad generada a partir de las múltiples ofertas de servicios digitales agropecuarios comienza a convertir al sector rural en un segmento atractivo con un alto potencial de crecimiento. Por otra parte, para satisfacer las exigencias de regulaciones ambientales —cada vez más exigentes y demandantes—, la conectividad será un requisito cada vez más imprescindible. En definitiva, la digitalización del sector contribuirá a hacer más eficiente la producción agropecuaria completando de esta manera el círculo virtuoso.

---

76 https://fundacionfada.org/informes/el-valor-que-agrega-la-conectividad-rural/.

Dicho todo esto, como tantos de ustedes, estoy convencido de que el campo seguirá siendo el lugar ideal para desconectarnos, solo que para hacerlo tendremos que poner nuestro teléfono en modo avión.

Parte cuatro: De villanos a héroes

Confío en haber sido claro al comienzo —y, en buena medida, a lo largo— de este libro en poner de manifiesto lo cerca que estamos de la sexta extinción masiva y en dar cuenta de cómo los agricultores —como nunca antes había ocurrido en la historia de la humanidad— somos percibidos como uno de los villanos de esta película de terror.

Luego, en la segunda parte, pudimos comprobar de qué manera la tecnología, en particular la revolución digital del agro, nos ofrece un variado arsenal de herramientas capaces de ofrecernos un camino alternativo a los usos tradicionales e, incluso, una agricultura beneficiosa para el ambiente.

Para poder imaginar la masiva implementación de esta revolución, en la tercera parte analizamos oportunidades y desafíos: vimos de qué manera será clave resolver aspectos como la conectividad y aprovechar al máximo las oportunidades que nos ofrecen la IA y el *big data*.

Llegamos ahora al final de nuestro libro y, con ello, a la —necesaria, y sin dudas realista— parte de la esperanza. En este sentido, los invito a recordar las palabras de la archifamosa, controversial y también sin dudas necesaria activista Greta Thunberg: "No pueden quedarse sentados esperando que la esperanza llegue. De esa forma, están actuando como niños consentidos e irresponsables. No parecen entender que la esperanza es algo que se tiene que ganar".

En esta cuarta parte del libro, compartiremos los esfuerzos y las experiencias de quienes están comprometidos detrás de esta esperanza; y, si bien posiblemente ello no sea suficiente por sí solo, conocer información positiva refuerza la convicción de que, aunque aún haya mucho por hacer, el esfuerzo vale la pena y, tal vez más importante incluso, el camino "de luz" ya ha comenzado a desplegarse.

1. *Carbon farming*

El incesante incremento de la acumulación de GEI en la atmósfera y su tan temido efecto —el cambio climático— han traído una enorme atención por parte de científicos de todo el mundo por encontrar innovadoras tecnologías capaces de resolver este problema. Desde soluciones propias de películas de ciencia ficción, como los gigantescos extractores atmosféricos de GEI en forma de hongos, a propuestas que no pasan de la teoría, pasando en todo momento por la búsqueda de disminuir las emisiones allí donde se pueda —al menos desde la investigación, la implementación ya corre otra suerte—, los intentos para lograr el inminente objetivo de detener y revertir cuanto se pueda la creciente crisis climática que atraviesa nuestro planeta recorren, de a ratos desbocados, una batalla plagada de derrotas: por el momento, todas las opciones idealmente efectivas se encuentran en fases de desarrollo tempranas y —además— demandan inversiones muy significativas.[77]

Frente a este panorama tan desafiante, existe una serie de alternativas que representan, por disponibilidad y costo,

---

[77] Capturar CO_2 a partir de la atmósfera es costoso e ineficiente, pero posible. Lo único que hace falta es pasar el aire atmosférico por una planta de procesado especial que, mediante unos circuitos de recirculación y unos filtros especiales, capturan el dióxido de carbono y lo convierten en otra sustancia.

una gran oportunidad frente a la crisis actual: son las llamadas Soluciones Basadas en la Naturaleza (SbN). En resumidas cuentas, las SbN pretenden mitigar, secuestrar y almacenar los GEI trabajando en equipo con la propia naturaleza. En lo personal, me resulta especialmente esperanzador que la misma Madre Naturaleza —nunca tan apropiada la metáfora— nos ayude a solucionar todo el daño que le hemos hecho a nuestro planeta.[78]

El principio de las SbN no es otro que la fotosíntesis, la piedra fundacional de la agricultura. Como anticipamos al comienzo de este libro, este proceso bioquímico propio de las plantas permite producir materia orgánica utilizando el CO_2 como materia prima (precisamente, el gas que queremos recuperar de la atmósfera) para luego liberar, como subproducto, el tan preciado oxígeno. La crisis climática ha traído un renovado foco en la fotosíntesis, pero ya no como una manera de producir alimentos, sino como una alternativa para recuperar el exceso de CO_2 de la atmósfera y devolverlo al suelo. Desde una perspectiva biológica, es posible revertir esta situación: podemos volver a fijar CO_2 en el suelo. Ello significa cambiar profundamente nuestra manera de concebir la agricultura: debemos producir mucha biomasa, pero llevarnos muy poca, y debemos prestar mucha atención al tratamiento de la biomasa que dejamos para asegurarnos que se convierta en MO en lugar de degradarse nuevamente en CO_2. Por ejemplo, las raíces se incorporan al suelo mucho más efectivamente que la masa aérea.

En la medida en que la cuestión ambiental se torna más acuciante para la humanidad, hay cada vez más presión en

---

78 https://losenlacesdelavida.fundaciondescubre.es/que-es-la-biodiversidad/preguntas/que-son-las-SbN/.

solucionar este problema o, al menos, en ser parte de la solución. Gobiernos, grandes empresas y ONG comienzan a prestar atención —y recursos— a esta grave problemática. Y, entre las múltiples posibilidades que las SbN nos ofrecen, comienza a destacarse una en particular que premia a los productores agropecuarios por fijar CO_2 en el suelo: se trata del *carbon farming* o cultivo de carbono.

En marzo de 2023, se llevó a cabo en Egipto la 27.ª Conferencia de las Naciones Unidas sobre el Cambio Climático (conocida como COP27). Entre varias voces, merece destacarse la prédica del científico pakistaní Rattan Lal, Premio Mundial de Alimentación 2020, quien sostiene que el suelo puede convertirse en sumidero de carbono atmosférico y que productores agropecuarios de todo el planeta pueden cultivar carbono y ser recompensados por ello. "De la misma manera en que pueden vender leche, aves de corral, carne vacuna, maíz y soja, también deberían ser capaces de vender el carbono para que se convierta en un producto básico". Es más, propone que el producto básico de carbono tenga un precio justo, transparente y dirigido al agricultor, y sostiene que la mayor parte del dinero asignado debería destinarse realmente a los agricultores "porque ello ayudaría a convertir la ciencia en acción y a hacer de la agricultura la solución al cambio climático". En línea con la propuesta de Rattan Lal, son varias las empresas que sostienen iniciativas de esta índole, como veremos más adelante. Uno de los grandes temas a resolver pasa a ser el siguiente: cómo asegurarnos no labrar el suelo para evitar borrar con el codo lo que con tanto esfuerzo escribimos con la mano.

Como CEO de Indigo Argentina (un unicornio del agro nacido, apenas, en el año 2016), tuve la oportunidad de ser parte del lanzamiento de la primera iniciativa comercial en gran escala de *carbon farming* —identificada como "Terraton"— en junio de 2019, en la ciudad de Memphis; junto con un grupo de productores argentinos, quedé perplejo por el cambio de paradigmas que esta oportunidad representaba: agricultores recompensados por mejorar el suelo, nada menos. Aquella iniciativa fue identificada como "agricultura beneficiosa", término que luego evolucionó a "agricultura regenerativa", la expresión creada por Gabe Brown —como ya vimos—.

En aquella oportunidad y con poquísimos antecedentes, un grupo de ciento setenta y cinco productores de los Estados Unidos se comprometieron a respetar un programa de cultivo de carbono en cuarenta mil hectáreas. Los resultados fueron monitoreados y verificados por la Reserva de Acción Climática (CAR), una entidad sin fines de lucro de California, que en el año 2022 anunció la primera emisión de créditos de carbono. Estos créditos fueron ofrecidos por Indigo a grandes empresas que los utilizan para compensar sus emisiones. Con el resultado de esta venta, Indigo compensa a los productores por el carbono fijado por cada uno de ellos. Algo que parecía inconcebible en el 2019 se convirtió en un hito fundacional para la agricultura regenerativa.

Siguiendo la iniciativa de Indigo, prácticamente todas las grandes compañías de insumos han lanzado sus programas de *carbon farming* con la intención de premiar a aquellos productores que fijen carbono en sus suelos. El programa de Bayer se llama ProCarbono; el de Syngenta, Carbono Net, y el del gigante indio UPL, Gigaton —este último fue presentado en el marco del Mundial 2022 de Qatar de la FIFA—.

Nos enfrentamos, de esta manera, al nacimiento de un apasionante dilema. Por un lado, el negocio agrícola tradicional

—cada vez más exigente— que sigue demandando de los productores producir cada vez más, y por el otro, un negocio emergente de *carbon farming* o "cultivo de carbono" orientado a premiar a los productores ya no por lo que producen, sino por el carbono que dejan en el suelo. Si bien el mercado es aún altamente volátil, hay mucho interés por parte de los productores por estas opciones y no tengo dudas de que las mismas serán analizadas y consideradas cada vez con mayor atención.

El primer paso en esta odisea es conocer y entender cuál es la huella de carbono de nuestra actividad. Si no sabemos dónde estamos parados, jamás podremos generar un cambio. No sorprende por ello que cada vez más empresas se ocupen de medir la huella de carbono de sus actividades, y que incluso algunas de ellas puedan proclamarse como "carbonos neutrales" o ya hayan fijado fechas precisas para lograrlo. El agro no es ajeno a esta tendencia y son cada vez más las empresas agroindustriales que miden la huella de carbono de su actividad: medir siempre ha sido el comienzo de las grandes transformaciones.

Después de largos debates, pareciera que la humanidad ha comenzado a tomar conciencia de que no podemos seguir tratando al planeta como lo hemos venido haciendo hasta hoy y que un cambio es imprescindible.

Sabemos que la primera parte de la solución es reducir nuestras emisiones, y la humanidad —o sea todos nosotros— lentamente —a veces demasiado lentamente— se va comprometiendo con ello. Reciclar, reutilizar, recuperar, reducir, rediseñar, rechazar y reparar comienzan a hacerse carne poco a poco en todos nosotros, la mayoría de las veces gracias a la prédica y el ejemplo de nuestros hijos.

Sin embargo, cuando estamos caminando hacia el precipicio, caminar más lento no es una solución. Tenemos que cambiar de dirección.

Según un estudio publicado por la Academia Nacional de Ciencias (PNAS), las SbN pueden aportar el 37 % de la mitigación de emisiones necesaria a escala global y permitirnos situarnos en el camino de limitar el aumento del calentamiento global a los 2 ºC que necesitamos para el 2030.[79]

Después de muchos años de estar en el centro de la escena como responsables del cambio climático, los productores agropecuarios tenemos la oportunidad histórica de convertirnos en protagonistas de la solución de uno de los problemas más acuciantes que la humanidad haya tenido que enfrentar en su historia.

¿Es ello posible realmente? ¿Una agricultura regenerativa es factible? Miles de ejemplos de productores de todo el mundo —entre ellos muchos argentinos— comienzan a demostrar que esta utopía es alcanzable. Es aquí cuando el debate comienza y la pregunta ya no pasa por si es posible, sino si podremos hacerlo en escala y —más difícil aún— si ello será económicamente viable.

Son muchas las preguntas que tenemos por delante, pero es importante recordar que apenas cincuenta años atrás no sabíamos si íbamos a poder alimentar a la humanidad hasta que un visionario nos enseñó que ello era posible. Hoy, cincuenta años después, la agricultura —y los productores agropecuarios— tenemos la oportunidad —y el desafío— de hacer de la agricultura la solución al cambio climático.

---

[79] https://www.pnas.org/doi/10.1073/pnas.1710465114.

2. Un caso testigo

La reacción habitual cuando decidimos desafiar los procesos productivos tradicionales y evaluamos comenzar a recorrer el camino hacia modelos novedosos (y más sostenibles) es detenernos en sus costos, en la complejidad de su implementación y en lo incierto de sus resultados.

Como vimos en el libro anterior y en otros capítulos —y como podemos experimentar desde siempre aquellos que nos dedicamos a esto—, una de las características de nuestro sector consiste en su aprecio por la experiencia y en su respeto por las tradiciones: algo que se convierte en una áspera barrera a los cambios. Es por ello que me parece importante compartir y difundir la experiencia de aquellos que nos han precedido en el camino.

En este capítulo, vamos a aprender de la experiencia de Santiago Angelillo, un licenciado en Administración que, en el año 2012, después de quince años de trabajar en una importante empresa familiar, finalmente mereció la oportunidad que había esperado pacientemente: la responsabilidad de administrar Rincón de Corrientes, un establecimiento de sesenta mil hectáreas en la provincia de Corrientes.

No obstante, a medida que comenzó a interiorizarse en todos los desafíos que le esperaban, la alegría y el entusiasmo inicial fueron progresivamente desapareciendo hasta transformarse en desasosiego y desazón: lo que parecía una oportunidad extraordinaria se había transformado en una trampa de la que no encontraba salida.

La estancia que debía gestionar se encontraba en un momento particularmente crítico: sus resultados operativos estaban lejos de ser los esperados y la desmotivación de todo el equipo era profunda y evidente. Este era —sin lugar a dudas— el desafío más difícil y más urgente por resolver; definitivamente, no había muchos motivos para estar orgullosos ni para ser optimistas con relación al futuro: todo lo que sabía y había aprendido y experimentado en sus muchos años de profesión parecía no funcionar en aquel ambiente tan diferente.

La estancia, propiedad de Gilberte Beaux, una reconocida empresaria francesa, está ubicada en el centro norte de Corrientes. Su principal actividad es la cría bovina y la producción forestal y se encuentra dentro de la ecorregión correspondiente a los famosos Esteros del Iberá, con sectores de monte combinados con pajonales subtropicales y bajos y orillares: un ecosistema único y bellísimo, pero sumamente delicado y vulnerable. Parecía que la belleza del ambiente condicionaba su potencial productivo y sus posibilidades para sostener un modelo de producción rentable. La sostenibilidad —un fuerte requerimiento de la dueña—, por el momento, ni siquiera entraba en la ecuación.

Una vez agotadas todas sus ideas y de apelar a todo lo conocido y experimentado en su larga experiencia profesional, Angelillo se convenció de que era el momento de probar algo completamente nuevo.

Santiago había quedado sumamente impresionado por una charla TED del ya mencionado Allan Savory, fundador del Instituto Savory. "La desertificación es una forma elegante de decir que el suelo se está volviendo desértico", comienza Allan en esta tranquila pero potente charla TED donde denuncia que ello le está sucediendo a cerca de dos tercios de los pastizales del mundo, acelerando el cambio climático y haciendo que las sociedades tradicionales de pastoreo se hundan en el caos social. El mensaje era claro y contundente y le permitió reconocer a Santiago que lo que estaba liderando —hasta ese momento— era un proceso de desertificación.

Profundamente impresionado por este video —disponible en YouTube—, se convenció de que el manejo holístico propuesto por Savory era el camino indicado para Rincón de Corrientes. Estamos en el año 2013 y la prédica de Allan recién comenzaba a expandirse por el mundo: ese mismo año, la organización Ovis 21 se convertía en la primera franquicia de la Red Savory en Argentina.

Esta organización fue fundada en junio de 2003 en Río Gallegos a partir de una iniciativa de la familia Fenton —propietaria de la estancia Monte Dinero—, Pablo Borrelli y Alejandra Canosa. El objetivo inicial era aumentar la sostenibilidad económica, ecológica, social y humana de las cadenas de valor basadas en la especie ovina y generar una organización que fuera capaz de introducir esta innovación a escala regional.

En cuanto Santiago supo de la existencia de Ovis 21, se contactó con Pablo Borrelli y lo invitó a conocer Rincón de Corrientes convencido de que el modelo productivo impulsado por Allan Savory era la solución que estaba buscando. A pesar de que Pablo no tenía ninguna experiencia en manejo de ganado bovino en pastizales subtropicales (toda su experiencia se concentraba en el manejo de ovejas en pastizales patagónicos), la química entre ambos fue excelente y comenzaron a trabajar juntos de inmediato.

El camino de la transformación no fue fácil. En Rincón de Corrientes se utilizaba el tradicional modelo de pastoreo continuo, que no es otra cosa que ubicar un rodeo de hacienda en una determinada superficie de terreno. Esta distribución se estima en función de la producción de pasto que el lote puede producir y se la conoce como "carga animal", que se mide como E.V./ha. Obviamente, esta distribución nunca es homogénea, pues el ganado se concentra en las cercanías de las aguadas. Si a esta distribución le sumamos la selectividad natural de los animales, este modelo genera —invariablemente— áreas de sobre y de sub pastoreo. Una vez más, la distribución homogénea de un recurso —en este caso las vacas— por hectárea nunca es la solución.

Como ya vimos, cuando el pasto no es consumido, se seca y no solo deja de ser productivo, sino que también bloquea la llegada de la luz, lo que impide la germinación de nuevas semillas. Finalmente, nos encontramos con un pastizal seco e improductivo donde, para permitir la germinación de nuevas plantas, la única solución es el uso del fuego. Esta herramienta, tan cuestionada por cierto, y no sin razones, no es más que una solución para un problema de gestión ineficiente. Claramente, nos encontramos en un modelo de baja productividad y —además— no sostenible.

El modelo propuesto por Savory pretende una mirada holística a este problema. La intención es balancear la oferta y la demanda de forraje con mucha precisión, y para ello es necesario monitorear la evolución del forraje y ajustar el consumo de la hacienda a la oferta disponible, lo que supone un manejo de la hacienda mucho más preciso —el mismo principio que la agricultura por ambientes, de la cual ya hemos hablado en varias oportunidades: una demanda ajustada a la oferta—.

Como ya hemos repetido muchas veces a lo largo del libro, los cambios empezaron a partir de las primeras mediciones. Las mismas comenzaron en el año 2013 utilizando una metodología especialmente diseñada para medir la salud de los pastizales conocida como monitoreo EOV. A partir de allí, el crecimiento de la superficie dentro del manejo holístico no ha dejado de crecer, hasta alcanzar las quince mil hectáreas en la actualidad.

Los resultados comenzaron a verse de inmediato: el primero y más visible de ellos fue la recuperación o regeneración de los pastizales. Al reducir el patrón de descanso parcial, lograron un pastizal más productivo con un aumento de entre 40 y 100 %, dependiendo de los períodos de recuperación y las cargas animales utilizadas. En el año 2020, la carga animal de los módulos de manejo holístico fue de 0,86 E.V./ha (un 56 % más que la carga histórica). Los resultados económicos también mejoraron significativamente: la productividad creció un 50 % (64 vs. 43 kg/ha), mientras el margen bruto aumentó un 33 % (29 vs 22 dólares/ha). Otro beneficio claramente visible fue el aumento de la fauna nativa, favorecida por pastos más verdes y ausencia de quemas.

Sin embargo, después de diez años trabajando bajo esta modalidad, y según el enfático testimonio de Santiago, el efecto más sorpresivo y gratificante fue el impacto en la motivación del equipo de Rincón de Corrientes. La planificación, propia del manejo holístico, ayudó a coordinar los equipos y a facilitar la gestión; del mismo modo, las capacidades del personal mejoraron notablemente a partir de una dinámica de aprendizaje continuo. Pero el logro más notable y remarcable fue el sentido de propósito que la propuesta por Savory le transmitió a toda la organización: podían producir carne de una manera diferente, mejorando el ambiente que tanto valoraban.

Entusiasmados por los resultados alcanzados, Santiago quiso comprobar si todos los beneficios que se observaban a simple vista también se reflejaban en la salud del suelo. En el congreso de AAPRESID del año 2018, en Rosario, Santiago conoció a Ditmar Kurtz, un destacado técnico del INTA de Corrientes, y acordaron comenzar un estudio pionero en su clase en la Argentina. Este trabajo confirmó que el manejo holístico había logrado un secuestro de carbono promedio de 7,7 ton CO_2eq/ha/año. Nunca antes se había comprobado que un modelo a base de pastizales pudiera secuestrar carbono: Rincón de Corrientes estaba regenerando el suelo.

Este resultado entusiasmó a Santiago y a todo el equipo y el nuevo desafío no se hizo esperar: ¿sería posible convertir este carbono en un ingreso adicional? Hasta ese momento, solo algunas plantaciones forestales habían recibido créditos de carbono, pero nunca antes un modelo ganadero lo había logrado. Una vez más, fue necesario salir del área de confort y comenzar a aprender de nuevas métricas, nuevas variables y complejas y sofisticadas certificaciones. Después de una profunda investigación internacional para elegir el socio estratégico más apropiado, en noviembre de 2022, finalmente lograron firmar un contrato con Ecosecurities, una firma inglesa que le garantiza a Rincón de Corrientes que, si los resultados y las mediciones observadas por el INTA se sostienen, la empresa podrá incorporar a su estado de resultados un aporte más que considerable de dinero proveniente de la venta de estos créditos de carbono.

La satisfacción y el orgullo de Santiago se hacen evidentes en cada una de las conversaciones necesarias para construir este relato. Desde aquel Santiago desorientado y deprimido a este orgulloso han pasado muchos años de aprendizaje, de no bajar los brazos y de ir siempre por más. Su ejemplo y experiencia son una clara invitación para todos aquellos que estamos convencidos de que podemos producir alimentos de una manera mucho más sostenible: algo que —no me puedo cansar de repetirlo— no solo es posible, sino que es absolutamente imprescindible.

3. Mercados de carbono

Cada vez más son más frecuentes los casos, como Rincón de Corrientes, que demuestran que es posible producir alimentos mejorando el ambiente, contribuyendo a sanar el daño que hemos ocasionado a nuestro planeta. Si bien la evidencia científica los avala, cómo financiarlos es la pregunta obligada —como hemos visto en diferentes capítulos anteriores—. Pues bien, existen mecanismos concretos para ello: los mercados de carbono.

Los mismos son sistemas en donde gobiernos, empresas, organizaciones e individuos pueden comprar y vender unidades (créditos) para compensar las emisiones de GEI. Precisamente, su intención es generar incentivos para los proyectos de captación o secuestro de emisiones, haciéndolos económicamente viables.

En la actualidad, existen dos tipos de mercados:

- Regulados: funcionan a partir de obligaciones o tratados para la reducción de emisiones, generalmente regulados por gobiernos u organismos multilaterales, estableciendo topes de emisiones para sectores o empresas. Los mercados regulados funcionan a partir de las exigencias establecidas en 1997 por el Protocolo de Kioto. En estos mercados ya se han negociado créditos por dos mil doscientas noventa y tres megatoneladas de CO_2eq (unidad que se usa para medir las emisiones de GEI). Ello equivale a más de seis veces las emisiones de Argentina (trescientas sesenta y seis megatoneladas de CO_2eq según el Inventario Nacional de GEI del 2020, el último disponible).

- Mercados Voluntarios de Carbono (MVC): funcionan por fuera de los mercados oficiales y permiten a las empresas, u otras entidades, comprar créditos de carbono para compensar voluntariamente sus emisiones. No están regulados por los gobiernos y operan sin un tope. Estos créditos no cuentan con una instancia regulatoria centralizada, sino que su control pasa por agencias privadas, entre las cuales se destacan: American Carbon Registry, Climate Action Reserve, Gold Standard y Verra. Estos créditos se pueden transaccionar muchas veces, hasta que alguna empresa los redima a nombre propio y compense sus emisiones.

El precio de la tonelada de CO_2eq varía notablemente según los diferentes mercados y según las cualidades de la misma; algunas de ellas son: estándar, naturaleza, origen, año, permanencia, adicionalidad, beneficios adicionales, etcétera. Mientras los mercados regulados rondan los cien dólares, en los proyectos SbN de buena calidad en los MVC se pagan algo más de diez dólares. Una de las maneras de impulsar los proyectos que beneficien el ambiente es sostener el precio de la tonelada de CO_2eq. Un excelente ejemplo es el caso de Suecia, que tiene el precio de CO_2eq más alto del mundo con ciento treinta y nueve dólares por tonelada. Desde su introducción en 1991, la economía sueca ha crecido 60 % y las emisiones de carbono del territorio han disminuido en un 25 %.

Si bien existen alrededor de ciento setenta tecnologías capaces de generar créditos de carbono, hasta hace poco tiempo, el MVC estaba concentrado en proyectos provenientes de las energías renovables, la producción industrial y la gestión de residuos.

Tal como desarrollamos en el capítulo sobre *carbon farming*, las SbN están impulsando el valor del MVC. Dentro de ellas, los proyectos forestales, la agricultura y la ganadería regenerativa (agrupados como proyectos AFOLU (por *agriculture, forestry and other land use*) representan el 46 % del volumen de las transacciones de este segmento y contribuyeron a que su valor se multiplicara por cuatro y alcanzara los dos mil millones de dólares en el año 2021.

Hasta el año 2020, los proyectos agroganaderos estaban incluidos dentro del sector AFOLU; sin embargo, gracias al espectacular crecimiento que tuvieron en el año 2021, en los últimos reportes ya son considerados como una categoría en sí misma. Ello se debe a la creciente implementación de programas de *carbon farming* en todo el mundo, tal como desarrollamos en el capítulo anterior.

La Argentina ha estado prácticamente fuera de los MVC hasta ahora, con apenas sesenta y un proyectos registrados y solo dos del sector AFOLU (y ninguno agroganadero). Afortunadamente, en los últimos años esta tendencia ha comenzado a cambiar y ya aparecen indicadores que nos permiten ser cautelosamente optimistas.

A continuación, pretendo hacer una rápida presentación de algunos de los muchos proyectos AFOLU en desarrollo.

Comenzando por el sector forestal, merece destacarse la creación de la Mesa de Carbono Forestal Nacional (MCFN), integrada por la Asociación Forestal Argentina y por más de treinta empresas que están desarrollando, implementando y comercializando proyectos de captura de carbono tanto en bosques nativos como en plantaciones. La Sociedad Rural Argentina se incorporó recientemente a esta iniciativa. Hoy, de la mano de distintos miembros de la MCFN, existen proyectos por una superficie de más de setenta mil hectáreas, lo cual equivale a más de tres veces la superficie de la Ciudad de Buenos Aires. Entre ellos, mencionaré el caso de GMF Latinoamericana, liderada por Sebastián Fragni. Una empresa con más de quince años de experiencia en el desarrollo de soluciones de compensación de emisiones climáticas mediante proyectos forestales de fijación de carbono que ofrece un servicio integral, desde el desarrollo hasta la gestión de todas las áreas del proyecto. En la actualidad, están gestionando cuatro proyectos diferentes en cuatro provincias, dentro de los cuales se destaca el primer proyecto silvopastoril con el fin de generar carne bovina neutra en carbono.

En la misma línea, merece destacarse un caso mucho más reciente: Lapacho, el emprendimiento creado por Manuel Ponce Peñalva y Martín Aberle dedicado al desarrollo de proyectos de conservación de bosques. Ellos ofrecen a las empresas participar en dichos proyectos en estadios iniciales, con diversas opciones de financiamiento y permitiéndoles hacerse de créditos de carbono de alta calidad. Su primer proyecto agrupado es la Conservación del Bosque Chaqueño (CBC), que comenzará con cinco mil hectáreas en el chaco salteño y que se irá expandiendo por el gran chaco, con un objetivo de alcanzar al menos doscientos cincuenta mil hectáreas en conservación.

Asimismo, la necesidad de las empresas petroleras por reducir su impacto ambiental quedó demostrada cuando Vista

Energy convocó al ex Indigo (¿recuerdan Terraton?) Fernando García Frugoni y creó Aike en el año 2022. En la actualidad, tienen en marcha alrededor de treinta mil hectáreas dedicadas a la generación de créditos de carbono, la mayoría de ellas enfocadas en proyectos forestales, pero también incluyen proyectos agrícolas y ganaderos, entre los que se destaca el desarrollado en cooperación con Hugo Ghio, uno de los productores fundadores de AAPRESID. Todo un símbolo.

Soil Capital —posiblemente una de las empresas más grandes del mundo dedicadas a la promoción de la agricultura regenerativa en el mundo— está presente activamente en Argentina desde 2020 de la mano de Tomás Mata —también un ex AAPRESID—. En la actualidad, alrededor de setenta productores están participando en dos pilotos que cubren alrededor de tres mil hectáreas, pero no tienen dudas de que en los próximos años serán muchos más los productores que querrán sumarse a esta tendencia.

Siguiendo la experiencia pionera que vimos de Rincón de Corrientes, en el año 2023, se presentaron los primeros programas de captura de carbono focalizados en el sector ganadero: SARA y POA. Ambos programas son ambiciosas iniciativas impulsadas por Ruuts, la empresa fundada por Pablo Borrelli, hijo del fundador de Ovis 21. SARA está focalizada en la pampa húmeda y su objetivo es alcanzar medio millón de hectáreas de ganadería regenerativa; se espera que los participantes reciban los primeros pagos hacia fines de 2024. POA, por su parte, está pensada para los ganaderos patagónicos y tiene el objetivo de alcanzar tres millones de hectáreas; en este caso, les anticiparon créditos a los productores participantes por cien mil dólares. Estos casos que acabo de mencionar, como si fuera poco, son los primeros programas de compensación de carbono para el sector ganadero de Latinoamérica certificado por Verra.

En el mismo sector, otro lanzamiento destacado del 2023 es Terratio. Un ambicioso proyecto que nace de la experiencia de varias empresas pertenecientes al movimiento CREA del NOA. El líder de este emprendimiento, Cristian Helbig, de Juamarita S. A., sumó la experiencia de seis años de trabajo junto al equipo de Diego Figueroa Garzón y Pedro Fernández —reconocidos asesores ganaderos del NOA— a un *dream team* de especialistas ambientales, como Tomás Portela. La visión de Terratio ya no es simplemente generar proyectos de carbono ganaderos, sino poder modelar las emisiones de GEI y analizar el flujo y el stock de carbono simplificando la certificación y comercialización de los créditos de carbono. Uno de los costos más significativos de los MVC es el monitoreo, el reporte y la verificación (MRV) de los proyectos. Los sistemas de MRV son el conjunto de herramientas que se utilizan para ese propósito. Si pretendemos que el MVC se democratice, es imprescindible desarrollar herramientas digitales que logren minimizar el costo y la complejidad de estos procesos. Esta es precisamente la idea de Terratio.

Y, para terminar de destacar todas las buenas noticias que tuvieron lugar en el 2023 en el terreno de la agricultura, sin lugar a dudas, el hito del año fue el acuerdo firmado en Expoagro entre Plataforma Puma y la exportadora de granos Viterra. Gracias al mismo, esta última pagará a aquellos productores agropecuarios que midan la huella de carbono de su soja un premio del 2 % por sobre el precio de mercado. Si bien técnicamente no se trata de un proyecto de *carbon farming*, es una iniciativa tangible para compensar a los productores por su esfuerzo por medir su huella ambiental. Parafraseando a Neil Armstrong, un pequeño premio para los agricultores, pero un enorme paso para el ambiente.

Todo este listado es una clara demostración del interés creciente por intentar fijar carbono. Sin embargo, la oferta es —apenas— uno de los requisitos necesarios para crear un mercado, esencial para el incentivo a los productores, como hemos visto en diversas oportunidades. Para que ello suceda, es necesario sumar compradores —los cuales a su vez deben tener también incentivos que, en buena medida, dependerán de las sanciones y/o premios que apliquen u otorguen los Estados— y, además, plataformas —idealmente digitales— capaces de permitir el encuentro entre ambos, lo que en la jerga digital se conoce como *marketplaces*.

En este territorio también existen varias iniciativas que merecen destacarse. Comencemos con The Carbon Sink, el emprendimiento creado en el año 2020 por el ya mencionado Fragni junto con el experto Federico Moyano. Se trata de una plataforma que pretende vincular empresas que necesitan reducir y compensar su impacto ambiental con proyectos de secuestro de carbono de una manera ágil y autogestionable. Ofrecen una calculadora digital gratuita que permite calcular fácilmente la huella ambiental de las empresas y, a partir de allí, alternativas para reducir la misma y compensarla mediante la vinculación con proyectos certificados en Argentina, Brasil, Chile y Uruguay.

En una línea similar, merece mencionarse Carbón Neutral+, una iniciativa de Manuel Ron, creador e impulsor —junto con un grupo de productores agropecuarios— de Bio4, la planta de bioetanol fundada en Río Cuarto, quienes también ofrecen una calculadora digital y la posibilidad de vincularse con proyectos certificados. Fundada en el año 2020, ya ha registrado transacciones por más de seiscientos mil dólares.

Finalmente, un aspecto clave para masificar los MVC es asegurar la transparencia de la información y democratizar el acceso para todos los que quieran invertir en proyectos sostenibles. Ese es el objetivo de Nativas, una plataforma tecnológica creada por el emprendedor Gaspar Mac, basada en *blockchain*, que permite poner en valor el impacto ambiental de cada proyecto convirtiendo el CO_2 capturado en créditos ambientales para darle trazabilidad y transparencia generando beneficios económicos para personas y empresas. Esta empresa ofrece una serie de productos financieros para todos aquellos que quieran invertir en proyectos con trazabilidad y transparencia.

Frente a esta oferta de proyectos. ¿Qué opinan los productores argentinos de todas estas iniciativas? Una encuesta realizada a más de cuatrocientos productores en el año 2022 por el Centro de Agronegocios y Alimentos de la Universidad Austral puso de manifiesto que hay un largo camino por recorrer: la mitad de los productores ni siquiera sabe qué es el mercado voluntario de carbono y solo el 32 % de los encuestados manifestó su interés por participar del mismo. En defensa de los productores argentinos, estoy seguro de que, en cuanto dispongan de más y mejor información y podamos salir del modo crisis, estos resultados cambiarán significativamente.

Por último, me gustaría agregar que, además del desconocimiento, la expansión de los MVC enfrenta una serie de riesgos y dificultades entre las cuales me interesa destacar las siguientes:

- el concepto de "adicionalidad" es un concepto importante. Significa que las reducciones de las emisiones logradas por el proyecto no habrían sucedido si el proyecto no se hubiera implementado. También significa que el proyecto no sería económicamente viable sin los ingresos adicionales de los bonos de carbono. El proyecto no recibe créditos de carbono por el simple hecho de ejecutar un negocio "ecológico"; solo los créditos de carbono de proyectos que son "adicionales" al escenario habitual representan un beneficio ambiental neto. El porcentaje de proyectos AFOLU rechazados por Verra por esta falencia es significativo.
- la dificultad para alcanzar consenso en la calidad e integridad de los créditos dentro de un marco político que sigue cambiando (a nivel global, nacional e incluso ¡provincial!);
- la dificultad en el desarrollo de proyectos por falta de capacidad local;
- la incertidumbre sobre elegibilidad de los proyectos de créditos;
- el financiamiento restringido;
- el aumento de acusaciones por *greenwashing*, un tema en el que ahondaremos más adelante;
- la demanda insatisfecha de créditos de carbono.
- la capacidad local para verificar y validar proyectos por entidades acreditadas internacionalmente.

No obstante, por sobre todo es muy reconfortante comprobar el camino recorrido desde aquella experiencia reveladora del 2019 en Memphis de la mano de Indigo Ag a esta realidad argentina llena de oportunidades concretas. La oportunidad por delante es enorme: los expertos señalan que, para poder cumplir con las metas del Acuerdo de París y no exceder la meta de un incremento de la temperatura global del 1,5 °C, los MVC deberán crecer quince veces, mientras que los precios deberán ubicarse entre los cincuenta y los cien dólares/tCO_2e para 2030.

Gracias a su pujante sector agropecuario, la Argentina tiene el potencial de convertirse en un jugador importante de esta enorme oportunidad que explotará en los próximos años. En la actualidad, no hay empresa del sector que no esté evaluando iniciativas vinculadas a proyectos de créditos de carbono. Personalmente, no tengo dudas de que el sector agropecuario argentino se convertirá en los próximos años en líder en el desarrollo del MVC en la región.

4. Caminos alternativos

Espero haber podido presentar un resumen de todo el interés que existe por promover y financiar el desarrollo de los MVC vinculadas con proyectos forestales, ganaderos o agrícolas. Afortunadamente, las iniciativas que pretenden remediar el impacto ambiental del agro no se limitan a los créditos de carbono.

Una variante, cada vez más difundida, es el desarrollo, y la promoción, de productos con menor huella de carbono que sus alternativas. Son cada vez más frecuentes las empresas que promueven sus productos sosteniendo que —debidos a sus particulares procesos de producción— tienen un menor impacto ambiental que sus competidores.

Para poder demostrarlo, es necesario disponer de las emisiones de cada una de las materias primas —lo que se conoce como factor de emisión—. En nuestro país no disponemos de esta información para casi ningún insumo y, por ello, debemos recurrir a bases internacionales, cuyos valores son, por lo general, muy superiores a los locales.

Un caso de reciente difusión ha sido la primera tanda de producción de carne vacuna carbono negativo del mundo. Merced al trabajo mancomunado entre el INTA, el INTI y los dueños de dos campos ganaderos, uno de Federal (Entre Ríos), llamado San Esteban, y otro en Villa Huidobro

(Córdoba), denominado Ralicó, se logró certificar la producción de carne bovina a través de la Declaración Ambiental de Producto (EPD)[80]. El responsable técnico de este proyecto fue el Ing. Agr. Rodolfo Bongiovanni, del INTA Manfredi y, para hacerlo posible, fue necesaria la utilización de un sistema silvopastoril, combinando la incorporación de una forrajera, mediante siembra aérea, a un monte nativo.

A diferencia de los casos expuestos en el capítulo anterior, en esta oportunidad el foco no estuvo en los créditos de carbono, sino en lograr un producto *premium* apuntando a capturar la creciente tendencia de consumidores dispuestos a pagar por productos con menor impacto ambiental.

En la agricultura también hay cada vez mayor atención al desarrollo de productos con menor huella de carbono. Un ejemplo de ello es la empresa noruega Yara, una de las líderes mundiales de producción de fertilizantes, que sostiene, y, además, promueve activamente, que la urea producida por ellos tiene una huella de carbono significativamente menor que sus competidores gracias a su innovadora, y patentada, tecnología. Un mensaje marketinero completamente impensado pocos años atrás —pues no representa ninguna ventaja directa para el productor— que se entiende como consecuencia directa de la creciente atención pública en el impacto ambiental de estos productos.

---

80 Una Declaración Ambiental de Producto, DAP (del inglés, *Environmental Product Declaration*, EPD), es un documento o informe normalizado que proporciona información cuantificada y verificable sobre el desempeño ambiental de un producto, un material o un servicio. Estas herramientas se utilizan para valorar el impacto ambiental a lo largo del ciclo de vida de productos de conformidad con la Norma Internacional UNE-EN ISO 14025.

Esta situación plantea una interesante discusión sobre la mejor manera de incentivar la descarbonización. ¿El incentivo debe estar considerado en el producto —expresado como la huella de carbono— o a partir de herramientas como los créditos de carbono que analizamos en el capítulo anterior?

Como vimos en el capítulo anterior, en los créditos de carbono, todo el proceso de monitoreo, reporte y verificación (identificado —típicamente— como MRV) está en manos de organismos que validan y verifican los mismos, y aún así, empresas emblemáticas de este espacio, como la ya mencionada Verra, han sufrido severos cuestionamientos. Esta situación se torna particularmente sensible en el caso de los productos con una —supuesta— menor huella de carbono, en cuyos casos no siempre existe la apropiada documentación para sostener tales afirmaciones. El abuso de este tipo de comunicaciones o, peor aún, su uso engañoso, ha creado un nuevo neologismo: *greenwashing*, que no es otra cosa que una comunicación que promueve —de manera engañosa— la percepción de que los productos, objetivos o políticas de una organización son respetuosos con el medio ambiente; el caso arquetípico es el de empresas que, si bien por un lado realizan una acciones "verdes", sus actividades principales distan mucho de regirse por estos principios y valores. En uno de los casos más resonantes hasta hoy, a comienzos del 2024 un tribunal de Ámsterdam dictaminó que la aerolínea holandesa KLM engañó a los consumidores con anuncios "vagos y generales" sobre sus esfuerzos para reducir el impacto ambiental de volar en avión. El caso fue llevado ante la justicia por la organización Fossielvrij NL (Países Bajos Libres de Fósiles) que acusa a la compañía de *greenwashing*. No obstante, tras el fallo, la aerolínea "puede continuar publicitando vuelos y no tiene que advertir a los consumidores que la aviación actual no es sostenible", dijo el tribunal, pidiendo a KLM que informe a sus clientes de manera "honesta y concreta". En nuestro sector, por ejemplo, las afirmaciones de carne vacuna carbono neutra son cuestionadas, con mucha frecuencia, como *greenwashing*.[81] Esta es un área donde los reguladores de todo el mundo deberán prestar mucha atención.

Hasta aquí nos hemos enfocado en la descarbonización, que surge claramente como una prioridad para los agricultores del futuro, aunque no es la única. Como ya hemos visto, mejorar el impacto ambiental también implica reducir nuestra huella hídrica o favorecer la biodiversidad. No debería sorprendernos que cada vez haya más interés en desarrollar mercados para promover y financiar iniciativas de esta índole.

Cuando hablamos unas páginas atrás acerca del uso de agua, hicimos hincapié en la importancia que tiene la tecnología desarrollada por Kilimo para medir de una manera objetiva, económica y trazable las eficiencias en el uso de este recurso esencial. Dicha tecnología ha permitido el ahorro de muchos millones de litros de agua en distintos países de Latinoamérica, pero, más importante aún, ha permitido establecer una unidad de referencia que permite que dichos ahorros, medidos como huella hídrica y trazados a partir de herramientas digitales, se puedan convertir en dinero al "venderlos" a grandes corporaciones (como Coca-Cola, Google, Amazon y Microsoft), que los utilizan para compensar su

---

81 https://theweek.com/environment/climate-friendly-beef-is-another-instance-of-greenwashing.

huella hídrica. De esta manera, se genera un incentivo económico para los productores agropecuarios. En un mundo donde las grandes corporaciones asumen y comunican ambiciosos compromisos por reducir su huella hídrica, las iniciativas de este tipo se multiplicarán significativamente. No está lejos el día donde podamos ver el nacimiento de mercados que permitan el intercambio de estos ahorros.

Existe también una gran expectativa en el desarrollo de mercados donde se puedan compensar los impactos de iniciativas vinculadas a la biodiversidad; sin embargo, como ya anticipamos oportunamente, existe aquí una gran dificultad para encontrar tecnologías capaces de definir estándares confiables e indiscutibles.

Es tan imperiosa la necesidad de desarrollar tecnologías robustas capaces de satisfacer estas necesidades que los inversores han creado una categoría —*climatech*— que podría traducirse como "tecnología climática" que se refiere al conjunto de innovaciones tecnológicas cuyo fin es contribuir a la adaptación al cambio climático. Este segmento se ha convertido en uno de los más atractivos para los inversores de todo el mundo, a tal extremo que, según la consultora HolonIQ, las inversiones en estas tecnologías alcanzaron la friolera de setenta billones de dólares el 2023. Un crecimiento fantástico si consideramos que hace apenas doce años este mercado apenas alcanzaba los 1,6 billones de dólares.

Latinoamérica no está exenta de esta tendencia y ha sido Chile quien hoy la lidera a partir de la creación de la flamante Asociación Climatech Chile, que agrupa un total de once empresas. En la Argentina, un grupo de emprendedores —liderados por el emprendedor Rubén Altman, fundador del fondo de inversión Antom— está impulsando activamente la primera comunidad *climatech* argentina. Muchas de las *start-ups AgTech* argentinas están focalizadas en desarrollar tecnologías *climatech* siendo Kilimo su caso emblemático.

Estas tecnologías tienen que ser precisas, económicas y de fácil acceso para todos los productores. Soluciones como calculadoras de huella de carbono o tecnologías capaces de detectar el contenido de CO_2 del suelo a partir de una imagen satelital (tal como promete la *start-up* india Boomitra) son algunos ejemplos de tecnologías *climatech* que nos permitirán multiplicar el ejemplo de Kilimo.

Uno de los grandes beneficios de las tecnologías *climatech* es que contribuirán a aumentar la confianza en los MVC. Las herramientas IoT, el uso de sensores, el análisis de grandes bases de datos y la IA pueden mejorar significativamente la precisión, la confiabilidad y la escalabilidad del proceso de verificación de compensación de carbono. Por ejemplo, en un proyecto de reforestación, los auditores pueden medir con precisión y transmitir a los compradores de compensación la cantidad de carbono que se secuestra, y no pasará mucho tiempo antes de que los compradores, a través de un tablero, puedan monitorear estas mediciones y compararlas con un escenario proyectado de cuántas toneladas de emisiones de carbono se habrían producido si no fuera por el proyecto. El uso de métricas robustas para evaluar el rendimiento del proyecto aumenta la confianza de los inversores, mientras que los vendedores pueden asegurarse de que sus créditos están respaldados por reducciones de emisiones medibles. En última instancia, esto podría ayudar a hacer de los MVC más transparentes y confiables y —cuando exista una confianza absoluta en el desempeño de estos mercados— el valor de las compensaciones de carbono aumentará.

¿Será este el comienzo de un verdadero "océano azul" para la agricultura, un nuevo mundo donde ya no solo podamos soñar con una agricultura con menor impacto ambiental, sino con una agricultura regenerativa, que tenga un impacto positivo fijando y recuperando el CO_2 que nunca debió salir del suelo, reduciendo nuestra huella hídrica, y que nos ayude a recuperar la biodiversidad? ¿Será ello posible? Yo elijo creer.

5. La importancia del Alcance 3

Afortunadamente, cada vez son más las empresas comprometidas a reducir su impacto ambiental. Tal es así que, en la actualidad, pareciera inconcebible para una empresa que se precie de importante no disponer de una estrategia de sostenibilidad, incluso de una área de sustentabilidad que realice informes anuales de impacto ambiental; de la misma manera en que las empresas publican sus resultados contables, se está convirtiendo en una exigencia social —y corporativa— la publicación de tales informes. Adicionalmente, cada vez es más frecuente encontrarnos con empresas, de toda índole, que se comprometen a alcanzar la carbono neutralidad para una fecha determinada.

Los lineamientos para los cálculos de toda aquella información se rigen por el Protocolo de Gases de Efecto Invernadero (*GHG Protocol*, por sus siglas en inglés, *greenhouse gases*), que no es otra cosa que el marco integral global y estandarizado para la elaboración de informes sobre las emisiones de GEI. El *GHG Protocol* establece los estándares de uso más extendido y es empleado por la mayoría de las organizaciones, incluidos gobiernos, empresas y ONG. Este protocolo es el resultado de una asociación entre el Instituto de Recursos Mundiales (WRI, por sus siglas en inglés, *World Resources Institute*) y el Consejo Empresarial Mundial para el Desarrollo Sostenible (WBCSD, por sus siglas en inglés, *World Business Council for Sustainable Development*). Se publicó por primera vez en el año 2001 y constantemente se están desarrollando nuevas normas y directrices mediante un proceso que incluye consultas con grupos de interés.

Este protocolo categoriza las emisiones de GEI de la siguiente manera:

- El Alcance 1 se refiere a las emisiones directas de GEI de una organización. Se trata de emisiones que provienen de fuentes que están bajo la propiedad o el control de la empresa en cuestión.
- El Alcance 2 se refiere a las emisiones asociadas con la producción de electricidad, calor, vapor y refrigeración que una empresa adquiere y utiliza.
- El Alcance 3 abarca todas las emisiones indirectas de GEI derivadas de las actividades de una empresa y que provienen de fuentes que no están bajo su propiedad o control (tanto en una fase anterior como en una fase posterior).

En consecuencia, estas categorías no solo abarcan las emisiones de GEI atribuibles a una organización específica, sino también a lo largo de toda su cadena de creación de valor. Ahora bien, la distribución de las emisiones a lo largo de estos tres alcances no es homogénea, sino que suelen seguir patrones como el principio de Pareto siendo frecuente distribuciones de tipo 10/20/70 respectivamente. El Alcance 3 tiende a ser bastante mayor que los otros dos, pero también mucho más difícil de calcular.[82]

---

82 https://www2.deloitte.com/uk/en/focus/climate-change/zero-in-on-scope-1-2-and-3-emissions.html.

El nivel de conocimiento sobre el Alcance 3 varía considerablemente entre empresas. Algunas organizaciones líderes en sostenibilidad han estado midiendo y gestionando estas emisiones durante años, mientras que otras aún están en las primeras etapas de comprender el alcance total de su impacto ambiental. El experto Jorge Hilbert, que viene trabajando en este territorio hace quince años, destaca que las empresas más grandes del sector, particularmente aquellas involucradas en las cadenas de la soja y del maíz, tienen una comprensión profunda de su Alcance 3.

¿Por qué es importante entender el Alcance 3 de una empresa? El agro en general y los productores agropecuarios en particular somos parte del Alcance 3 de muchas de las grandes empresas del mundo. Cuando un banco financia a un productor o cuando un exportador o una empresa de alimentos le compra su grano, sus emisiones se convierten en parte del Alcance 3 —conforme al GHP— de dicho banco, exportador o empresa de alimentos. Y, por lo tanto, son parte de su responsabilidad ambiental. Esta interpretación puede convertirse en uno de los grandes dinamizadores de la reducción de emisiones en el agro en los próximos años.

Si consideramos al agro como un sector atomizado donde participan miles de pequeños jugadores, resulta particularmente difícil pensar en movimientos capaces de impulsar transformaciones profundas. Bajo esta perspectiva, gestas como la de la siembra directa —que mencionamos en repetidas ocasiones— suceden pocas veces en la historia. Ahora bien, si consideramos al agro como parte primordial de cadenas de valor globales, y, sobre todo, cuando entendemos el poder de influencia que puede tener un proveedor sobre algunos productores, la velocidad con la que podemos esperar ciertas transformaciones puede resultar sorprendente.

Bajo esta perspectiva, se entiende, por ejemplo, el porqué del acuerdo que el Banco de Galicia, el banco más influyente del sector agropecuario, firmó con Plataforma Puma para comenzar a medir la huella de carbono de sus clientes o la ya mencionada alianza entre aquella plataforma y Viterra, uno de los exportadores más importantes de la Argentina. En la medida en que las grandes empresas tengan más interés —o más presión— por reducir su huella ambiental, el interés —o la presión— se trasladará de manera proporcional a sus clientes, o, desde la perspectiva del Alcance 3, deberíamos decir a sus socios.

Hace apenas unos pocos años, era una verdadera rareza encontrar compañías agroalimentaria vinculadas —de alguna manera— con algún tipo de agricultura sostenible. En la actualidad, es sorprendente comprobar la cantidad de empresas que comunican abiertamente ambiciosos compromisos directamente vinculados con la agricultura regenerativa. Por ejemplo, podemos encontrar en la web de Cargill información sobre su compromiso por "impulsar la agricultura regenerativa en diez millones de acres en América del Norte para 2030", o podemos encontrar el compromiso de Pepsi por "difundir la adopción de prácticas regenerativas en siete millones de acres de tierras agrícolas", o el de Unilever, por "regenerar 1,5 millones de hectáreas de tierra, bosques y océanos" también para el 2030. Podemos afirmar que es prácticamente imposible encontrar una gran compañía agroalimentaria que no se haya comprometido con ambiciosas metas vinculadas con la agricultura regenerativa.

A lo largo de este libro hemos dejado claro que el concepto de agricultura regenerativa aún no tiene una definición establecida. Si bien no deja de ser una excelente noticia el interés que la misma está generando en las corporaciones agroalimentarias —seguramente vinculado al Alcance 3—, creo que es necesario poder verificar, debajo del lenguaje amigable de las relaciones públicas, la robustez técnica detrás de todos estos compromisos. Nada sería más contraproducente para el futuro de esta oportunidad que fuera cubierta del lodo del *greenwashing*.

Llegamos aquí, finalmente, a una discusión de fondo que, muchas veces, nos mortifica a los productores agropecuarios: el eterno dilema entre la zanahoria o el garrote. A lo largo de incontables conversaciones con ellos, la posición mayoritaria sostiene que es el mercado —los consumidores, en última instancia— quienes deben pagar por sus mayores exigencias. Afortunadamente, esta es la dinámica que hoy gobierna el incipiente mercado proambiental: ya mencionamos oportunamente cómo la exportadora Viterra le ofrece al productor agropecuario un premio del 2 % en el precio de la soja por la "molestia" de medir la huella de carbono con Plataforma Puma. Ahora bien, perfectamente podría llegar el día donde una determinada exportadora solo decida comprar soja con una determinada huella de carbono. ¿Qué pasaría entonces si mi mercadería excede ese límite?

En Expoagro 2024, la exportadora Louis Dreyfus Company anunció su compromiso de reducir las emisiones de carbono hacia 2030 en un 33,6 %. En consecuencia, ha resuelto que no recibirá ningún producto proveniente de zonas que hayan sido deforestadas a partir de enero de 2021. Hasta ahora, la misma compañía le pagaba un pequeño plus a los lotes de soja que podían garantizar tal condición, pero este anuncio ya significa el fin de una era pues, a partir de ahora, directamente no comercializará soja de este origen. Pasamos a la dinámica del garrote.

La misma restricción aplica a la carne bovina: la Unión Europea tampoco recibirá carne bovina y sus productos que no satisfagan los requisitos arriba mencionados. Para poder satisfacer esta demanda, el Consorcio de Exportadores de Carnes Argentinas[83] está trabajando en un proyecto tecnológico con la ayuda de la empresa de *software* VesicaBiz, que pretende emitir un Certificado de Conformidad de Producto Libre de Deforestación (CLD) utilizando, como punto de partida, el DT-e (Documento de tránsito electrónico) del SENASA.

Si apostamos por un mundo donde la presión ambiental será una condición más que una opción, algo sobre lo que no tengo dudas, los productores —por mérito del Alcance 3— recibirán las mismas exigencias que hoy reciben las grandes corporaciones. ¿Hasta qué punto la sostenibilidad seguirá siendo un premio o pasará a convertirse en una exigencia?

Si hablamos de regulaciones medioambientales es ilustrativo entender lo que está sucediendo en Europa en estos momentos. El Pacto Verde Europeo, aprobado en 2020, es un conjunto de iniciativas políticas de la Comisión Europea con el objetivo general de hacer que la Unión Europea sea

---

83 El Consorcio de Exportadores de Carnes Argentinas, una entidad sin fines de lucro creada a fines del año 2002 como respuesta a las necesidades de la industria de las carnes bovinas, trabaja conjuntamente con otras entidades de la cadena de este tipo de carne e interviene en el diseño y desarrollo de estrategias dirigidas a mejorar la competitividad, condición necesaria para expandir las exportaciones y alcanzar metas de crecimiento sostenido de la cadena de valor.

climáticamente neutral en 2050. Dentro de ese marco, en diciembre del 2022 se aprobó la implementación del CBAM (por *carbon border adjustment mechanism*), que comenzará con una primera fase piloto en octubre de 2023 y que seguramente dará mucho que hablar en los próximos años. En la práctica, se trata de un "arancel verde" que comenzará a gravar las importaciones de productos con un alto contenido en CO_2 (inicialmente hierro, acero, cemento, aluminio, fertilizantes, electricidad, hidrógeno) provenientes de países sin una legislación climática equivalente a la de la UE. Los objetivos son tanto asegurar una competencia justa entre empresas que operan en el mercado interior (que son mayoritariamente europeas) y empresas radicadas fuera como avanzar en el cumplimiento de los objetivos climáticos establecidos en el Acuerdo de París. Se descarta que, una vez superada la etapa de prueba, los productos agropecuarios quedarán incluidos en este gravamen.

El CBAM puede constituir un hito para las ambiciones climática europeas en su papel de líder direccional (mediante el ejemplo) de la agenda climática. Desde la década de los noventa, la UE viene intentando vincular el comercio y el clima en los acuerdos de la OMC (Organización Mundial de Comercio), pero se ha topado históricamente con la oposición de los países en desarrollo, e incluso de los Estados Unidos. No obstante, la insoslayable emergencia climática ha cambiado el clima político. La ciudadanía europea identifica el cambio climático como uno de los mayores problemas al que se enfrenta el mundo y está, en general, a favor de introducir cláusulas medioambientales —y también sociales— en sus acuerdos comerciales, y así lo refleja la estrategia de política comercial publicada en 2021, que aboga por la autonomía estratégica abierta así como por una mayor asertividad de la

UE en su política económica exterior. Además de lo anterior, el fuerte compromiso climático de los países europeos y un acervo climático y energético en expansión pueden justificar que la UE haya optado por lanzar su arancel verde de forma unilateral, aun a riesgo de disgustar a muchos países que ya la están acusando de proteccionismo encubierto.

Es muy probable que algunos países emergentes desafíen la compatibilidad del CBAM con la normativa de la OMC y lleven la medida al mecanismo de solución de diferencias de la organización. Pero el CBAM también podría ser un gran paso adelante en la lucha contra el cambio climático si algunos de los grandes emisores de carbono modificasen su normativa medioambiental para poder vender en el mercado europeo sin pagar el arancel. Si así sucediera, el CBAM sería otro ejemplo del llamado "Efecto Bruselas"[84], derivado de la difusión de regulación y políticas —en este caso climáticas—, uno de los más poderosos instrumentos de "poder blando" con los que cuenta la UE, que se ejerce a través de las normas y no de las armas y mediante el cual otros países terminan por adoptar estándares europeos.

Una vez que el CBAM esté implementado, poder cumplir con sus demandas requerirá disponer de información precisa y —sobre todo— certificada sobre la huella ambiental de todos aquellos productos que queramos exportar a la UE. Imaginemos la complejidad para un exportador cuando la oferta está atomizada en cientos de productores independientes.

---

84 El Efecto Bruselas es un término acuñado en 2012 por la profesora Anu Bradford de Columbia Law School y nombrado según el similar "Efecto California" que puede ser visto en los Estados Unidos (EE.UU.). La tesis de Bradford es que la fuerza de la Unión Europea (UE) radica en su capacidad de crear un marco regulador común.

Veamos el siguiente ejemplo: en la campaña 2023, la exportadora Bunge —gracias a un acuerdo con Plataforma Puma— se aseguró de medir la huella de carbono de absolutamente todos los lotes de canola que exportó a la UE. Si bien se trata de un cultivo menor, considerando que apenas se cultivan veinte mil hectáreas en Argentina, se trata, sin dudas, de una valiosa experiencia piloto para el futuro.

Frente a un escenario tan volátil e impredecible como el que anticipamos, la única alternativa posible —desde la perspectiva de los productores agropecuarios— es estar tecnológicamente y mentalmente preparados. El primer paso para esta transformación de villanos a héroes que propongo es dejar de sentirnos víctimas y aceptar el rol protagónico que la humanidad espera de nosotros.

6. Disparando a la luna o *Moonshot thinking*

En plena carrera espacial, JFK le propuso a los Estados Unidos una meta que parecía absolutamente imposible: poner a un hombre en la Luna. En aquel momento, nadie tenía ni la más remota idea de cómo conseguirlo. Kennedy resumió el concepto de *Moonshot Thinking* o "disparando a la luna" en una frase: "Elegimos ir a la Luna en esta década no porque sean metas fáciles, sino precisamente porque son difíciles".

Moonshot Thinking es pensar que lo imposible se puede hacer y, a partir de ahí, crear la forma de hacerlo. Se trata de una forma innovadora y disruptiva de afrontar retos o proyectos. Busca enfrentarse a un problema grande o a un proyecto ambicioso buscando una idea radical que probablemente implique tecnologías o procesos que todavía no existen. Es arriesgado, pero es la forma de acercarse a las ideas que cambiarán el mundo.

Fueron necesarias veintiún Conferencias sobre el Cambio Climático hasta lograr el histórico Acuerdo de París. La premisa detrás de este acuerdo es que la humanidad debe reducir a la mitad las emisiones cada década, comenzando con la primera reducción para 2030, y eliminándolas definitivamente para el año 2050. Esta simple regla general, llamada Ley del Carbono, es responsabilidad de todos: empresas, ciudades, naciones y ciudadanos. Al momento de firmar aquel acuerdo, la mayoría de los "cómo hacerlo" no estaban ni remotamente determinados aún; otro claro ejemplo de *Moonshot Thinking*.

Tres años después, se llevó a cabo la COP24 en la ciudad polaca de Katowice. En su discurso de apertura, una de los artífices del Acuerdo de París, Christiana Figueres, junto con el investigador Johan Rockström, presentaron *Exponential Initiative Roadmap,* una iniciativa desarrollada por un prestigioso *think tank* que propone una hoja de ruta para innovadores y transformadores con el objetivo de alcanzar lo acordado en París. El documento identifica treinta y seis soluciones con un potencial de escalamiento exponencial para lograrlo. La escalabilidad de las soluciones proviene de políticas estrictas, del liderazgo climático de empresas y ciudades y de un cambio financiero y tecnológico hacia soluciones ecológicas con potencial exponencial. La hoja de ruta muestra cómo podemos construir una economía global más fuerte, más resistente y mejor preparada para el futuro capaz de aumentar la prosperidad y la salud humanas dentro de los límites planetarios.

La meta del Acuerdo de París es llegar al deseado *Net Zero* en 2050, lo que equivale a recortar las emisiones de GEI hasta dejarlas lo más cerca posible de nulas. Sin embargo, aun cuando pudiéramos lograrlo, ello no sería suficiente. Es tanta la cantidad de GEI que hemos liberado a la atmósfera que dejar de emitir es solo una parte de la solución; para alejarnos del infierno tan temido del incremento de temperatura de 1,5 °C, debemos seguir secuestrando GEI.

En este *Moonshot Thinking,* mientras el resto de la humanidad tiene que comprometerse a ser carbono neutral, los productores agropecuarios, además, debemos convertirnos en secuestradores de CO_2. He aquí el cambio más radical que jamás se le ha exigido a los productores agropecuarios. En el próximo capítulo desarrollaremos cómo una agricultura regenerativa es posible.

7. Una agricultura regenerativa es posible

En el primer capítulo de este libro desarrollamos cómo la agricultura transforma la MO del suelo en sales minerales capaces de ser utilizadas por las plantas liberando a la atmósfera el CO_2 acumulado en el suelo. Ello ha sucedido a lo largo de toda la historia de la agricultura, pero se ha acelerado muy especialmente durante el período conocido como agricultura industrial y ha significado la emisión de una enorme cantidad de toneladas de CO_2 contribuyendo a la crisis climática y —además— empobreciendo y reduciendo la capacidad productiva de nuestros suelos.

Si bien técnicamente este proceso es reversible, para saber dónde estamos parados es imprescindible conocer el estado de salud de nuestros suelos y —sobre todo— conocer su capacidad para volver a convertirse en el sumidero de CO_2 que necesitamos.

Maravillosamente, el campo guarda memoria de su estado de salud antes de la llegada de la agricultura. Debajo de los alambrados —aquella notable creación de Richard B. Newton—, especialmente de los más antiguos, podemos encontrar la memoria del estado del suelo antes de la agricultura, una aproximación a su contenido original de MO. A partir de este dato, en el año 2022 se suscribió un convenio de cooperación entre AAPRESID y Syngenta con la intención de medir —precisamente— la salud de nuestro suelo expresada como la "brecha" entre la realidad y el potencial de estos según sus niveles de carbono orgánico. Los resultados de este estudio se presentaron en el congreso de AAPRESID del año 2023 y —no tengo dudas— se convertirán en una hoja de ruta para la agricultura regenerativa.[85]

Para llevar a cabo este estudio, fue necesario un extenso proceso de muestreo que alcanzó a más de trescientos productores agropecuarios dispersos por toda el área agrícola de la Argentina. En esta primera etapa de la investigación, se puso el foco en los suelos agrícolas y se dejaron los suelos ganaderos para una segunda etapa.

La primera conclusión de este trabajo es que las actuales reservas de carbono en los primeros treinta centímetros de los suelos agrícolas son de aproximadamente 53,5 toneladas de carbono orgánico del suelo (COS) por hectárea: ello significa que nada menos que el 13 % de las reservas totales de carbono de todo el país están en los suelos agrícolas. Como es de esperarse, podemos encontrar zonas más ricas que otras, por ejemplo, el sudeste de Buenos Aires, con promedios de cien toneladas por hectárea, mientras que algunas áreas, como el este de San Luis y el norte de La Pampa, tienen un stock mucho menor.

El segundo dato que surge de este estudio es la estimación del nivel máximo de carbono orgánico que nuestros suelos podrían alcanzar. Según el mismo, los niveles potenciales promedio en los suelos agrícolas están cercanos a 144,5 toneladas de COS por hectárea, lo que significa un 54 % más que los valores actuales. Y he aquí unas de las primeras con-

---

85 https://issuu.com/aapresid/docs/revista_red_de_brechas_de_carbono/28.

clusiones de este estudio: los suelos agrícolas actuales solo alcanzan el 46 % de su capacidad máxima. Lo que equivale a decir que hemos perdido la mitad de nuestra riqueza, o, si lo queremos ver desde una perspectiva positiva, aún conservamos la mitad de la misma. Nunca es tarde para comenzar.

Finalmente, el estudio nos ayuda a dimensionar cuál es el nivel de carbono orgánico que nuestros suelos podrían alcanzar a partir de un cambio masivo en nuestra manera de producir; en el capítulo "Hacia una agricultura regenerativa", identificamos una serie de prácticas que están orientadas a secuestrar carbono en el suelo. Estas prácticas son la adopción de la siembra directa, la incorporación de cultivos de cobertura, la participación de —al menos— 50 % de maíz en la rotación y estrategias de nutrición balanceada con criterios de reposición de nutrientes. Si tenemos en cuenta que en la actualidad ya existe un grupo de productores que están utilizando estas prácticas de manejo, es válido asumir que se trata de un potencial alcanzable y realista. La adopción masiva de estas prácticas permitiría incrementar en un 15-20 % los niveles de COS actuales. Este mensaje es realmente contundente y optimista: con la sola adopción masiva de las prácticas básicas de la agricultura regenerativa, podríamos mitigar nada menos que la mitad de las emisiones de la agricultura.

Si a la aplicación masiva de prácticas de agricultura regenerativa le sumamos el aporte de todas las nuevas tecnologías que hemos descrito a lo largo del libro, hay motivos suficientes para ser optimistas e imaginar una agricultura capaz de ser —masivamente—fijadora de CO_2.

Desde la Revolución neolítica, los agricultores hemos convertido la MO del suelo en alimentos liberando enormes cantidades de CO_2. Pues bien, llegó de hora de comenzar a recuperarlo. Es aquí donde los productores agropecuarios tenemos la posibilidad de dejar de ser los villanos y convertirnos en los héroes de esta epopeya. Conforme al último informe de *Exponential Roadmap Initiative,* los agricultores (combinando la agricultura y la ganadería regenerativa) tenemos la responsabilidad de secuestrar 1,8 Gigatoneladas[86] de CO_2eq para 2030. Para tener una dimensión de lo que significa este volumen, tengamos en cuenta que ello representa cien veces las emisiones de la Argentina (conforme al último inventario de GEI publicado en el año 2023).[87]

¿Es posible imaginarnos una agricultura que secuestre carbono? Cuando Víctor Trucco y aquellos visionarios fundadores de AAPRESID soñaron en una agricultura sin arado… ¿Aquello no era acaso *Moonshot Thinking*? Los hijos de aquellos visionarios… ¿Seremos capaces de convertirnos en los grandes secuestradores de CO_2, utilizando menos agua y aumentando la biodiversidad, mientras seguimos alimentando al mundo?

---

86 Una gigatonelada equivale a 1000 millones de toneladas.
87 https://unfccc.int/documents/634953.

8. Cambio de paradigma

En diciembre del 2023 se llevó a cabo la COP28 en Dubái. Allí, en los Emiratos Árabes Unidos, uno de los principales productores mundiales de petróleo, la agricultura y especialmente la ganadería estuvieron nuevamente en el banquillo, solo que en esta oportunidad tuvimos una noticia muy importante que compartir: después de milenios de expansión y crecimiento, hay evidencia suficiente para confirmar que la superficie dedicada a la producción de alimentos, incluyendo forrajes y granos, ha llegado a su máxima expansión en el planeta Tierra y —felizmente— desde hace unos pocos años comienza a declinar lentamente.

Esta es la conclusión de un estudio publicado por *OurWorldInData* (Nuestro mundo en datos), una publicación *online* que presenta datos y resultados empíricos que muestran el cambio en las condiciones de vida en todo el mundo desarrollada en la Universidad de Oxford.[88]

Hace apenas una pocos años atrás, bajo la mirada productivista que imperaba en aquel entonces, esta hubiera sido una noticia preocupante y el tono de este capítulo podría haber sido "El agro, una industria en decadencia" y seguramente hubiera sugerido la implementación de políticas activas para

---

[88] https://ourworldindata.org/peak-agriculture-land.

sostener una industria fundamental para alimentar a una humanidad que no para de crecer.

Sin embargo, la verdadera buena noticia es que, mientras que ello sucede, la producción de alimentos no detiene su crecimiento. Los agricultores y profesionales del sector tenemos el privilegio de haber logrado algo que parecía imposible pocos años atrás: el desacoplamiento entre la demanda por tierras y la producción de alimentos global.

Esta noticia es un mensaje esperanzador para finalizar este libro. La producción de alimentos ha sido la principal responsable de la transformación del planeta Tierra. Para llegar a donde estamos hoy, hemos talado un tercio de los bosques del mundo y convertido dos tercios de los pastizales que existían hacia finales de la última edad de hielo. Pareciera que —finalmente— llegó el momento en que los agricultores no necesitamos seguir avanzando sobre la naturaleza para alimentar la humanidad. Es la hora de celebrar el fin de una era.

A lo largo de mis cuarenta años de actividad profesional, la agricultura fue —siempre— una actividad en expansión. Tuve el privilegio de ser protagonista del crecimiento de la agricultura en Argentina de fines del siglo XX, fui testigo de la transformación del NEA y del NOA argentino y tuve la oportunidad de acompañar la impresionante explosión de los Cerrados en Brasil. Expansión y crecimiento en superficie fueron sinónimo de la agricultura que yo conocí. Por ello no causa sorpresa —en absoluto— que este concepto esté tan fuertemente arraigado en la impronta del sector agropecuario. Prueba de ello es que segmentamos a los productores en función de las hectáreas que cultivan en lugar de hacerlo por las toneladas que producen.

Aunque no creo que sea el camino, posiblemente en la Argentina todavía tenemos la posibilidad de poder crecer en superficie por algún tiempo, pero no tengo duda alguna de que la sociedad —tarde o temprano— pondrá límites a nuestra expansión. Llegó el momento de comenzar a prepararnos para una agricultura y —sobre todo— una ganadería que necesariamente tendrá que ser más eficiente.

Hoy producimos tres veces más carne que lo que hacíamos cincuenta años atrás. ¿Cómo hemos podido hacerlo sin seguir avanzando sobre la naturaleza? En primer lugar, porque producimos mucha más carne de cerdo y pollo, que no se alimentan a base de pastos sino con granos. En segundo lugar, gracias a la masiva transformación de la producción de carne vacuna a métodos más eficientes e intensivos.

Ello nos conduce a un dilema interesante: mientras el ganado alimentado con cereales suele ser más eficiente en términos de uso de la tierra —porque necesita mucho menos superficie por kilo producido—, el impacto en la biodiversidad y en el ambiente suele ser mucho menor en los modelos alimentados a pasto. Los modelos de producción intensiva a pasto propuestos por entidades como Savory y Ovis 21 en Argentina posiblemente representen una solución a este dilema.

Esta nueva realidad impone un cambio profundo para generaciones de agricultores que vivieron bajo el paradigma de una agricultura siempre expansiva. Pasar de un negocio donde la solución es avanzar sobre más hectáreas a uno basado en intensificar la producción supone un cambio mayúsculo para las nuevas generaciones.

El desafío de la intensificación cobra particular relevancia —además— en un país donde el 60 % de la producción de alimentos se realiza sobre tierras alquiladas, un recurso que —sin lugar a dudas— continuará apreciándose en el tiempo. ¿Estamos preparados para ello?

9. Ingenieros agrónomos superpoderosos

Hace cuarenta años me recibí de ingeniero agrónomo y no hay día que pase donde no me alegre por la decisión tomada. Amo esta profesión. Me siento feliz al cooperar con la naturaleza para ayudar a alimentar la humanidad. Me apasiona intentar comprender y predecir el impacto de cada una de las decisiones que tomamos diariamente en el campo. Y —aunque pueda sonar extraño— me desafía la imprevisibilidad propia de una actividad donde cada día es distinto al otro y donde la naturaleza nos sorprende constantemente.

Sufro por las limitaciones propias de la ciencia y por la incapacidad de entender completamente lo que está sucediendo; o, más difícil aún, lo que va a suceder. Lamento no tener mejores respuestas a tantas preguntas y —fundamentalmente— me irrita estar condicionado por tantos "depende".

Me conmueve la colosal transformación que disfrutó la profesión en estos años. Confieso que dediqué muchas horas de estudio para entender la compleja física de un instrumento de tortura para el suelo que hoy —afortunadamente— se ha convertido en pieza de museo —o de cocina—: el arado de reja. Confieso que no aprendí los principios de la siembra directa —sencillamente porque no existía—, que muchos de los principios activos que estudié —de memoria por supuesto— hoy han sido prohibidos o ya no se fabrican. Que nadie —absolutamente nadie— me anticipó nada sobre el portento de la biotecnología y —peor aún— que nadie me ayudó a entender —mucho menos a medir— el impacto de nuestras decisiones en el ambiente.

Tal como anticipé en mi libro anterior, la agricultura está viviendo una profunda revolución. De manera similar a como la digitalización ha transformado la manera en que nos comunicamos, nos relacionamos, nos divertimos, compramos y nos movemos, la digitalización de la agricultura revolucionará la manera en cómo produciremos alimentos en el futuro. Una revolución que tardó en llegar, pero que avanza de manera inexorable.

Mientras la tecnología nos seguirá sorprendiendo todos los días, el cambio más profundo que enfrentaremos no vendrá tanto del lado del "cómo", sino por el lado del "propósito" de nuestra profesión. Ya no será suficiente con producir alimentos (y biocombustibles, fibras, forraje, etcétera), sino que deberemos hacerlo mejorando nuestro ambiente y fijando CO_2 en el suelo.

Hasta hoy, nuestra prioridad fue producir alimentos al menor costo económico posible para una humanidad en crecimiento constante. A lo largo de este libro hemos puesto de manifiesto que no podemos seguir produciendo como lo hemos hecho hasta aquí, lisa y llanamente porque nuestro planeta no lo soporta. Ya no es suficiente alimentar a la humanidad, tendremos que hacerlo siendo mucho más eficientes con el uso de los recursos y asegurándonos de dejar un ambiente mejor que el que recibimos. La revolución digital del agro y las nuevas tecnologías nos proporcionan un arsenal de recursos y herramientas para lograrlo.

¿Cómo será la tarea del ingeniero agrónomo del futuro? Sin lugar a dudas, apasionante. Su responsabilidad se extenderá mucho más allá de la habitual pasión por los kilos.

De la misma manera que hoy supervisa los costos al centavo, no tengo dudas de que rápidamente se acostumbrará a monitorear los índices que miden el impacto ambiental de su actividad usando algunos de los indicadores que presentamos en este libro.

Al momento de elegir sus insumos, además de tener en cuenta su costo y su efectividad, privilegiará aquellas opciones con menor impacto ambiental.

Además del margen bruto de cada una de sus actividades, conocerá a la perfección la huella de carbono y la huella hídrica de cada una de ellas y, de la misma manera que hoy está perfectamente informado de la evolución de los precios de los *commodities* en los mercados internacionales, comenzará a prestarle atención a la evolución del precio de la tonelada de CO_2 eq en el MVC.

Después de un tiempo, se terminará acostumbrando a registrar todas y cada una de sus tareas en una plataforma digital que le permitirá trazar con precisión toda su producción y aplicar con éxito a las certificaciones más exigentes.

Como siempre, compartirá sus resultados en los grupos CREA y en otros grupos, solo que ya no competirá exclusivamente por sus índices productivos, sino que compartirá orgulloso la notable mejora lograda en el aumento de materia orgánica joven o en la actividad biológica del suelo.

En las reuniones de directorio, el foco en la evolución del activo suelo será más exigente y, año a año, la vara fijada por los accionistas será más alta.

Sin embargo, no tengo dudas de que el momento más reconfortante para todos será cuando nuestros hijos (o nietos) nos cuenten que en la escuela aprendieron cómo los productores estamos ayudando a salvar el planeta.

Con más de cuarenta años de profesión, me apasiona y me inquieta imaginar la manera en que estos profesionales superpoderosos serán capaces de liderar esta nueva agricultura. Una agricultura capaz de seguir produciendo todos los alimentos que la humanidad demandará, pero que —al mismo tiempo— podrá contribuir a la solución del acuciante problema del cambio climático. Frente a tantos desafíos e incertidumbres, hay algo de lo que estoy completamente seguro: estos "nuevos" ingenieros agrónomos no perderán su amor por la tierra y su pasión por producir más y, aunque ahora puedan estar rodeados de computadoras y algoritmos, siempre tendrán a mano un mate caliente.

Agradecimientos

Al comienzo de todos los libros se destaca con particular precisión el lugar y la fecha donde el mismo se terminó de imprimir. En mi caso, me gustaría comenzar a destacar —también— el lugar y la fecha cuando este libro se comenzó a escribir: fue el 22 de diciembre del 2022 en la librería Notanpuan de San Isidro, Buenos Aires, inmediatamente después de celebrar el lanzamiento de su antecesor: *La revolución digital del agro*. Aquella noche inolvidable comenzó este apasionante recorrido que terminó, felizmente, con *De villanos a héroes*.

A lo largo de este libro, hago referencias directas a más de sesenta *start-ups*. Con cada uno de sus líderes mantuve reuniones individuales para conocer en profundidad su tecnología, su modelo de negocio, pero, sobre todo, para poder entender sus sueños. Cada una de estas reuniones me contagió la pasión y el optimismo propio de todos y de cada uno de ellos. Amigo lector, si usted encontró en este libro una fuerte cuota de optimismo, pues bien, es porque no he hecho otra cosa que reflejar la mirada que estos cientos de emprendedores comparten acerca del futuro; si así fue, me alegro de haber podido lograrlo.

Con toda aquella abundante materia prima, el paso siguiente consistió en intentar resumir la complejidad propia de tecnologías disruptivas con precisión, pero, sobre todo, con simplicidad. Menuda tarea, por cierto. Allí comenzó la interacción creativa con muchos colaboradores que, pacientemente, revisaron y corrigieron mis notas para asegurar que mi interpretación reflejara apropiadamente el propósito de todos y de cada uno de ellos. Cada una de las *start-ups* mencionadas merece un agradecimiento, pero en particular quisiera destacar a algunos de los recurrentes o a aquellos que molesté más a menudo: Lucas Andreoni, Lucas Garibaldi, Tomás Portela, Sebastián Fragni y Fernando García Frugoni, entre muchos otros.

Convertir tantas historias apasionantes en un relato coherente, fluido, pero, sobre todo, interesante y entretenido fue —sin lugar a dudas— una de las tareas más desafiantes y no hubiera sido posible lograrlo sin la colaboración de mi editor Juan González del Solar. Fueron necesarias innumerables horas de discusión para ordenar y entrelazar tantas historias apasionantes en un único relato hasta que, finalmente, encontramos la forma en las cuatro secciones del libro que intentan reflejar la desafiante coyuntura que enfrenta la agricultura y que es el *leitmotiv* de este libro.

Aquel orgulloso primer borrador fue luego revisado y desafiado por un grupo de exigentes lectores que lo cuestionaron y aportaron novedosos puntos de vista. Para una personalidad orgullosa y segura como la mía, no fue tarea fácil recibir aportes que cuestionaban algunas de las premisas y afirmaciones iniciales. Llegó así la etapa de moderar, revisar y corregir algunas de esas afirmaciones. He aquí el reconocimiento a quienes contribuyeron a un libro más equilibrado: Jorge Antonio Hilbert, Rubén Altman, Ricardo Bindi y, por supuesto, a mi hija Candelaria, particularmente paciente con su padre.

Poder reflejar en una sola imagen la evolución desde aquella vaca llena de *bytes* (tan cuestionada por Ricardo Bindi) a este gaucho superpoderoso fue la brillante contribución de mi amigo Miki Tiraboschi, y cumple acabadamente con la intención de dar un propósito a mi obra anterior. El elegante diseño es obra de Daniela Coduto y la calidad del producto se la debo a mi hermano Gonzalo.

Compensar la huella de carbono fue la frutilla del postre de esta primera edición, y fue posible gracias a la creatividad del equipo de The Carbon Sink.

Sirva esta rápida reseña de agradecimientos para desmitificar aquel lugar común de que escribir es una tarea solitaria.

Por último, me gustaría dedicarle este espacio a quien me acompaña incondicionalmente desde hace cuarenta y ocho años, sin cuyo apoyo no me hubiera sido posible concretar este nuevo sueño.

 **Carlos Becco** es un enamorado de la agricultura. A lo largo de cuarenta años de experiencia en el sector agropecuario, ha sido protagonista de las mayores transformaciones del sector en posiciones de liderazgo dentro de las empresas más importantes, tanto nacionales como multinacionales.

Entusiasta de la innovación, fue testigo privilegiado del nacimiento de los primeros emprendimientos tecnológicos digitales de la industria agropecuaria, lo que lo llevó a ser el responsable de la llegada del primer unicornio del agro a la Argentina, Indigo Ag. Desde junio del 2020, se dedica de lleno a su pasión asesorando y acompañando a algunas de las *start-ups* más prometedoras del movimiento conocido como *AgTech*.

Ha dictado conferencias y charlas en numerosas presentaciones, seminarios y congresos y ha publicado decenas de artículos en diversos medios del Grupo Clarín. En 2021, publicó *La revolución digital del agro*, obra que se afirmó desde entonces como esencial para el estudio de todo lo referido a la innovación tecnológica en el sector. *De villanos a héroes. Cómo el agro puede salvar a la humanidad* es su segundo libro.

Casado desde hace cuarenta y un años, tiene cinco hijos y disfruta intensamente en la actualidad de sus —por ahora— siete nietos.

www.ingramcontent.com/pod-product-compliance
Lightning Source LLC
Chambersburg PA
CBHW031612210526
45464CB00004B/1545